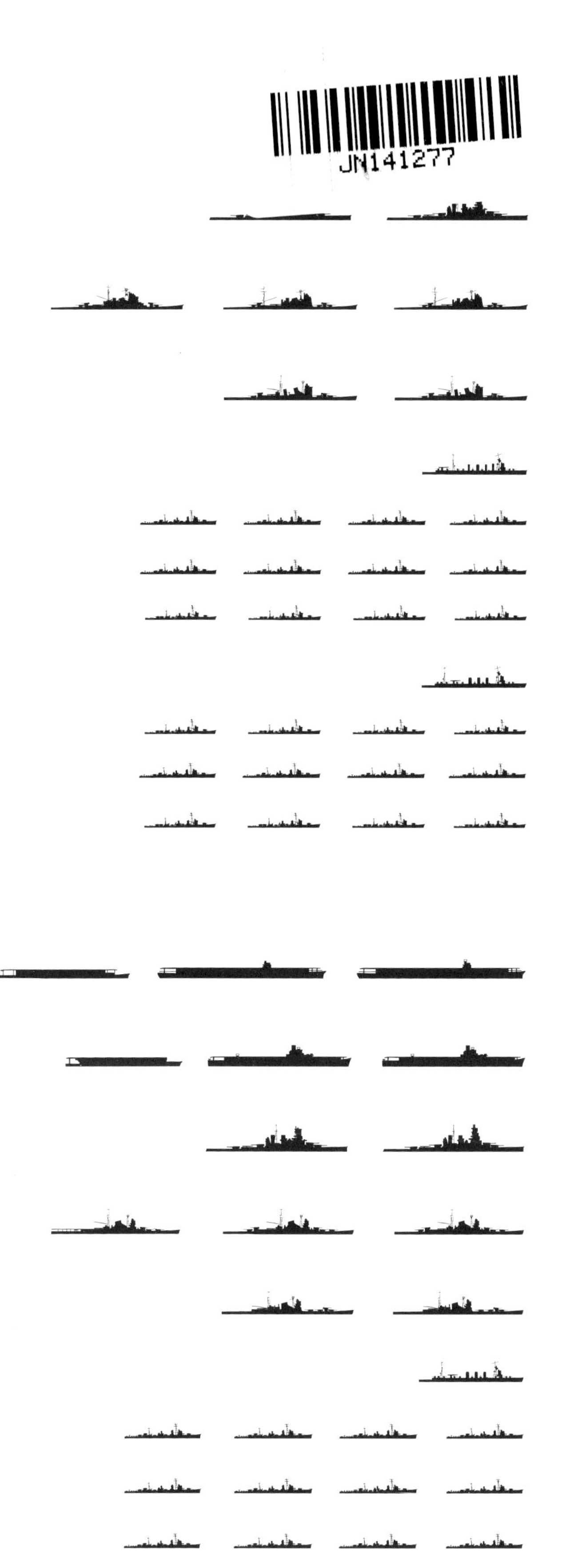

日本海軍の艦隊編制と海戦ガイド

作戦行動部隊のしくみ

ネイビーヤード編集部【編】

大日本絵画

【はじめに】

「艦隊編制」は知っている。でも「軍隊区分」ってなんだろう？

「連合艦隊」といえば日本海軍の代名詞のように使われます。

ところが、じつはこの「連合艦隊」は対外戦争などの有事に際して、艦隊編制で組織されていたいくつかの艦隊を艦隊決戦用に「連合」した組織を指すための呼称でした。

さて、艦隊編制という言葉は、例えば戦艦部隊である「第1艦隊」の下に「第1戦隊」「第2戦隊」、巡洋艦部隊である「第2艦隊」の下に「第4戦隊」「第5戦隊」、そして空母を集中運用するために作られた「第1航空艦隊」の下に「第1航空戦隊」「第2航空戦隊」など、ピラミッドのような作りをしていたことは皆さんもよくご存じだと思います。

ところが、真珠湾攻撃やミッドウェー海戦などに参加した艦艇の所属を細かく見ていくと、この艦隊編制の所属とは違う艦隊や戦隊などと一緒に行動していたり、駆逐隊や戦隊ごとにではなく、単艦、あるいは何隻かが作戦に参加している例をたびたび目にし、また耳慣れない部隊名で参加部隊が呼称されていたりすることがあります。

これは日本海軍の艦艇が艦隊編制をもとに、新たに「軍隊区分」あるいは「兵力部署」と呼ばれるもので作戦部隊を作り、行動していたからです。

本書は、太平洋戦争中の9つの戦時編制の改定を節目に（実際にはもっと細かく何回も改定が実施されていました）、改定理由や戦況を解説し、その間に行なわれた艦隊決戦、作戦行動においてどのような「軍隊区分」により作戦部隊が作られていたかについてを紹介するものです。

最初から最後まで読んでいただければ、その流れをわかりやすく感じていただけることと思いますが、興味のあるところだけを見ていただくだけでもその前後の様子を汲み取っていただけるはずです。

それでは、日本海軍の艦隊編制と軍隊区分をひもといていきましょう。

【ネイビーヤード編集部】

目次

【はじめに】

「艦隊編制」は知っている。
でも「軍隊区分」ってなんだろう？ …… 2

連合艦隊ってなんですか？
日本海軍の艦隊編制、変遷まるわかり …… 6

00 昭和16年1月15日の艦隊編制
001 太平洋漸減作戦からの転換期の形態 …… 14

01 昭和16年12月8日の艦隊編制
011 太平洋戦争開戦時の連合艦隊の陣容 …… 20
012 開戦時の機動部隊と先遣部隊 …… 26

02 昭和17年4月10日の艦隊編制
021 第1段作戦終了時の連合艦隊の陣容 …… 30
022 MO作戦の機動部隊と攻略部隊 …… 36
023 MI作戦部隊の編制 …… 38

03 昭和17年7月14日の艦隊編制
031 臨時編成だった空母機動部隊を建制化する …… 40
032 ガダルカナル島攻防戦と関係部隊 …… 46

04 昭和18年4月15日の艦隊編制
041 ソロモン諸島攻防戦より守勢に転じる …… 50
042 「ケ」号作戦（キスカ島撤収） …… 56

05 昭和18年9月1日の艦隊編制
051 連合軍の反攻が本格化する …… 58
052 中部太平洋方面防備の強化 …… 64

06 昭和19年4月1日の艦隊編制
061 日本海軍史上最大の艦隊決戦兵力 …… 66
062 「あ」号作戦（マリアナ沖海戦）参加部隊 …… 74

07 昭和19年8月15日の艦隊編制
071 健在の水上艦艇で起死回生を図る …… 78
072 捷一号作戦（レイテ沖海戦）参加部隊 …… 86
073 捷一号作戦後の編制の整頓 …… 90

08 昭和20年3月1日の艦隊編制
081 沖縄決戦を前にした陣容 …… 92
082 天一号作戦と第2艦隊の海上特攻 …… 98
083 終戦までの艦隊編制の変遷 …… 100

09 昭和20年8月15日の艦隊編制
091 終戦時の残存艦艇と陸上部隊 …… 104

●凡例

～昭和18年9月までの艦隊編制表の場合

指揮官名の後ろの（　）内の数字は海軍兵学校の卒業期を表す（これは全ての期間に共通）

第1航空						南雲忠一中将（36）
艦隊		第1航空戦隊		赤城、加賀		第1航空艦隊司令長官直卒
		第2航空戦隊		蒼龍、飛龍		山口多聞少将（40）
		第4航空戦隊		龍驤、祥鳳		角田覚治少将（39）
		第5航空戦隊		翔鶴、瑞鶴		原　忠一少将（39）
		第10戦隊		長良		
			第7駆逐隊	曙、潮、漣		
			第10駆逐隊	秋雲、夕雲、巻雲、朝雲		
			第17駆逐隊	谷風、浦風、浜風、磯風		
第11						塚原二四三中将（36）
航空艦隊		第21航空戦隊		鹿屋航空隊、東港航空隊	葛城丸	多田武雄少将（40）
		第22航空戦隊		美幌航空隊、元山航空隊	富士川丸	松永貞市少将（41）
		第23航空戦隊		高雄航空隊	第3航空隊 小牧丸	竹中龍造少将（39）
		第24航空戦隊		千歳航空隊 神威	第1航空隊、第14航空隊 五州丸	
		第25航空戦隊		横浜航空隊、台南航空隊	第4航空隊 最上川丸	
		第26航空戦隊		三沢航空隊、木更津航空隊	第6航空隊	
		附属			りをん丸、慶洋丸、名古屋丸	
			第34駆逐隊	羽風、秋風、太刀風、夕風		
南西						小沢治三郎中将（37）
方面	第1南遣			香椎、占守		
艦隊	艦隊	第9根拠地隊		初雁	永興丸 第91駆潜隊 第11潜水艦基地隊	
		第10特別根拠地隊		第7掃海隊 第11駆潜隊	長沙丸 第1警備隊 第10通信隊	

戦隊などに属さず、艦隊司令部が直率するケース（「附属」とも異なる）

常設航空隊の名前には本来海軍（たとえば台南海軍航空隊）が付くが略

特設航空隊は特設艦艇などと同じく右側に掲載（左の航空隊と隷属関係なし）

昭和19年4月～の艦隊編制表の場合

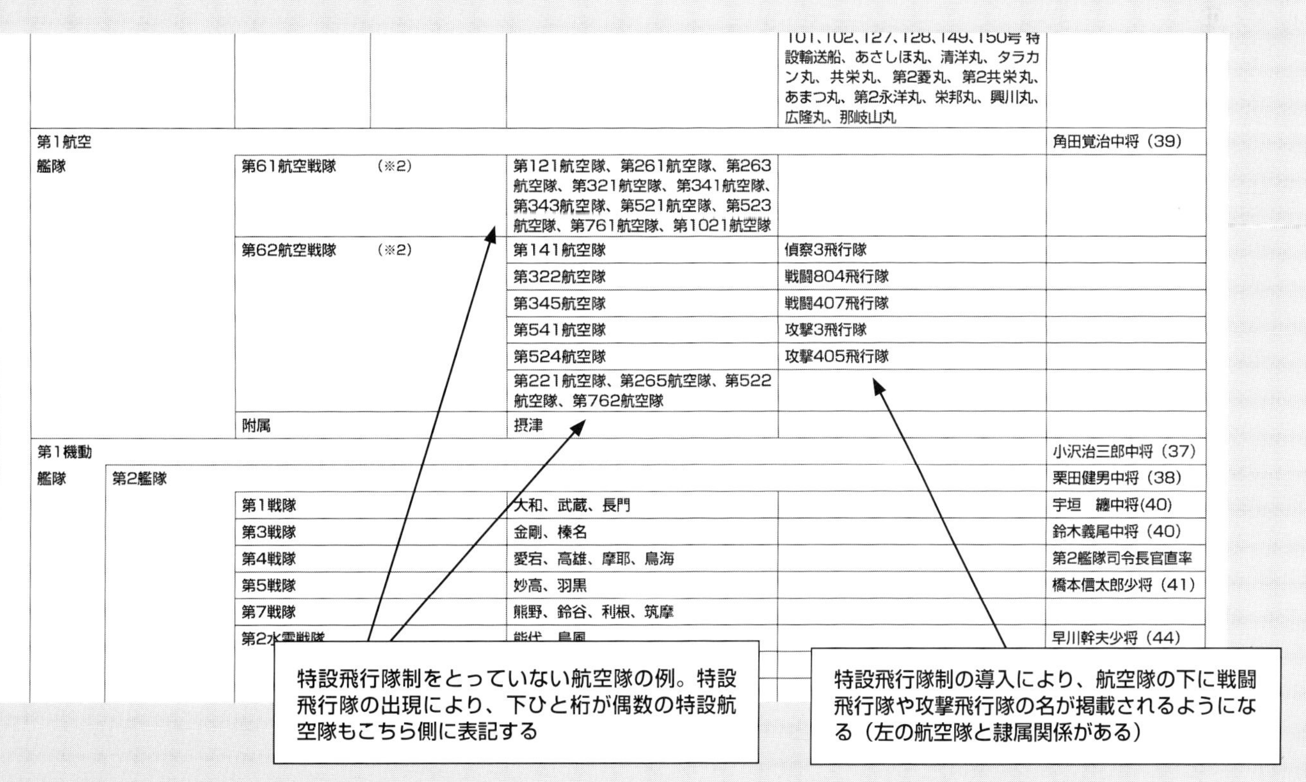

					101、102、127、128、149、150号 特設輸送船、あさしほ丸、清洋丸、タラカン丸、共栄丸、第2菱丸、第2共栄丸、あまつ丸、第2永洋丸、栄邦丸、興川丸、広隆丸、那岐山丸	
第1航空						角田覚治中将（39）
艦隊		第61航空戦隊	（※2）	第121航空隊、第261航空隊、第263航空隊、第321航空隊、第341航空隊、第343航空隊、第521航空隊、第523航空隊、第761航空隊、第1021航空隊		
		第62航空戦隊	（※2）	第141航空隊	偵察3飛行隊	
				第322航空隊	戦闘804飛行隊	
				第345航空隊	戦闘407飛行隊	
				第541航空隊	攻撃3飛行隊	
				第524航空隊	攻撃405飛行隊	
				第221航空隊、第265航空隊、第522航空隊、第762航空隊		
		附属		摂津		
第1機動						小沢治三郎中将（37）
艦隊	第2艦隊					栗田健男中将（38）
		第1戦隊		大和、武蔵、長門		宇垣　纏中将(40)
		第3戦隊		金剛、榛名		鈴木義尾中将（40）
		第4戦隊		愛宕、高雄、摩耶、鳥海		第2艦隊司令長官直率
		第5戦隊		妙高、羽黒		橋本信太郎少将（41）
		第7戦隊		熊野、鈴谷、利根、筑摩		
		第2水雷戦隊		能代、島風		早川幹夫少将（44）

◆本書の文中で「編制」という言葉は「艦隊編制」などの組織表を表すための名詞として、「編成」という言葉は実際に部隊などを作る意味の動詞として使用しています。

連合艦隊ってなんですか？
日本海軍の艦隊編制、変遷まるわかり

“連合艦隊”といえば日本海軍の代名詞とも言える存在だが、それはいつごろ、どのようなかたちででき上がったのだろうか？太平洋戦争での様子を見る前にその歴史を少し整理しておこう

■はじめての艦隊はたった2隻？

戊辰戦争を経て元号が明治と変わり、日本が近代国家としての体面を早く整えようとしていた明治3（1870）年7月28日、折しもヨーロッパで普仏戦争が勃発したのを受けて、新政府は「太政官布告」をもって局外中立を内外に表明し、「小艦隊」3隊を編成して横浜、兵庫、長崎、箱館（函館）に置いた。【表1】としたこれが、近代海軍としての日本海軍が艦隊を編成した最初であったが、まだ有事における臨時措置の域を出ておらず、任務を終えた艦隊がその翌年5月の「兵部省職員令」により【表2】のようなふたつの小艦隊に編成されたのが、法規的に制定された初めての艦隊であったといえる。同年7月28日には「大中小艦隊、艦隊の大中小は地勢の便宜に従う」と、規模により「大艦隊」「中艦隊」「小艦隊」の3種類の艦隊を編成するように規定されたが、同年10月17日規定の「海軍規則並諸官俸給」ではそれが【表3】のように明文化された。「諸軍艦の等級」として7等までが定められたのもこの時だが、その規定はまだ乗員の数や機関馬力を基準としたものであった。

明治6年2月に兵部省を廃止、築地に海軍省が創設されると、同年5月18日には従来の2個小艦隊体制から1個中艦隊体制に改編、指揮官も海軍大佐となった。この様子を表わしたのが【表4】である。

さらに明治8年10月18日、海軍省は海軍の戦力を全国の要港に配備し、要港には提督府を設置する方針を定める。そして提督府が整備されるまでの間、全国の海域を東西に二分し、【表5】のような艦隊編制をとることとした。

明治11年になり、イギリスに発注した「扶桑」「金剛」「比叡」の新鋭艦が日本へ回航され、前後して国産軍艦の「清輝」「天城」「磐城」も竣工したのを受け、明治15年10月12日、それまでの東西2個の艦隊編制を廃止して東海鎮守府の下に11隻からなる中艦隊が編成された。こ

【表1】明治3年の小艦隊

配備場所	艦名
横浜港	東、乾行
兵庫港	春日、富士山、摂津
長崎港	龍驤、電流、延年
箱館港	日進

【表2】明治4年の小艦隊

艦隊編制	艦名
小艦隊	日進、東、乾行、第2丁卯
小艦隊	龍驤、富士山、第1丁卯
	運送船：東京丸、大阪丸

【表3】明治7年10月17日規定の「海軍規則並諸官俸給」に見る艦隊編制の基準

大艦隊	軍艦12隻（指揮官：海軍大将または中将）
中艦隊	軍艦8隻（指揮官：海軍少将）
小艦隊	軍艦4隻（指揮官：海軍大佐、または中佐）
	運送船：東京丸、大阪丸

【表4】明治6年5月18日の艦隊編制

艦隊編制	艦名
中艦隊	日進、孟春、龍驤、第1丁卯、第2丁卯、雲揚、春日、筑波、鳳翔

【表5】明治6年5月18日の艦隊編制

艦隊編制	艦名
東部	龍驤、東、鳳翔、雲揚、富士山、攝津 運送船：高雄丸、大阪丸
西部	日進、春日、浅間、第2丁卯、孟春、千代田形、肇敏 運送船：快風丸

【表6】明治15年10月12日東海鎮守府編制

艦隊編制	艦名
中艦隊	扶桑、金剛、比叡、清輝、天城、磐城 龍驤、日進、孟春、第2丁卯、筑波

【表7】明治17年12月31日の艦隊編制

艦隊編制	艦名
中艦隊	扶桑、金剛、比叡、筑紫、海門、天龍、清輝、天城、磐城、春日、日進、第2丁卯、孟春、龍驤

【表8】明治18年12月28日の艦隊編制

艦隊編制	艦名
常備小艦隊	扶桑、金剛、比叡、海門、筑紫、清輝、磐城、孟春

【表9】明治22年7月24日の艦隊編制

艦隊編制	艦名
常備艦隊	浪速、高千穂、扶桑、高雄、葛城、大和

【表10】明治23年8月13日制定「海軍艦船籍条例」

類別	役務
第1種	戦闘航海の役務に堪え得る軍艦
第2種	水雷艇
第3種	戦闘航海の役務に堪えざる軍艦
第4種	運送船、曳船、小蒸気船
第5種	倉庫船、荷船、雑船

【表11】明治26年末の常備艦隊編制

艦隊編制	艦名
常備艦隊	松島、厳島、千代田、浪速、高千穂、高雄

◀明治8年にイギリスに発注された「扶桑」はもともと装甲コルベットという艦種であった。日清戦争終結後に近代化改装を実施し、二等戦艦として生まれ変わっている。写真はその時の姿。

れが【表6】であり、艦隊の指揮官を「司令官」と呼称することを定めたのもこの頃のことだ。

明治17年10月1日に制定されたのが日本海軍最初の艦隊編制に関する単独法令である「艦隊編制令」で、艦隊は3隻以上の軍艦をもって編成されることが正式に規定され、「2艦隊以上を集合して聯合艦隊を編制することあり」とはじめて「聯合（連合）艦隊」の表現が登場した。

ただ、この頃は【表7】のような1個中艦隊を編制するのがやっとであり、その実現を見るのはそれから10年後、明治27年に日清戦争が勃発してからである。

■常設の艦隊がようやくできる

明治18（1885）年12月28日に「常備小艦隊」が【表8】のように編成され、翌19年に「海軍条例」「鎮守府官令」が制定されると、日本の沿岸を5つの海軍区に分け、それぞれに鎮守府と軍港を置くことが決まる。これが、我々がよく知る鎮守府と軍港のはじまりである。

さらに明治22年7月24日に「艦隊条例」が制定され、艦隊は軍艦3隻以上で編成されること、艦隊の指揮官は「司令長官」と呼称すること、艦隊の艦艇数が多い場合は司令長官の下に「司令官」を置くことなどが明文化された。ただし、まだ艦隊の下に戦隊という組織を編成する概念はない。そして同時に常備小艦隊という呼称が「常備艦隊」と変更されている。この時の編制が【表9】である。幕末に各藩が外国から購入した旧式艦の名はすべて消え、明治になって建造された新鋭艦ばかりとなった。この明治22年は「大日本帝国憲法」が制定され、海軍だけでなく近代国家としての国家体制を確立した年でもあった。

明治23年8月13日、「海軍艦船籍条例」が制定され、それまで7等級に分類されていた海軍艦艇が【表10】のように5種類に変更された。第1種から第3種までが戦闘艦艇で、第3種は旧式艦を警備艦や練習艦とするもの。法規上正式な艦種の呼称はまだ制定されていないが、この頃には戦艦にあたる「甲鉄艦」のほか「海防艦」「巡洋艦」などの呼び名が海軍部内で使用されるようになっていた。

明治26年末、フランスに発注して建造された「厳島」「松島」を迎えた際（「橋立」は横須賀造船所で建造中）の常備艦隊の編制は【表11】の通りである。

■日清戦争、臨時に連合艦隊編成

明治27（1894）年になると日本と清国の国交は極めて悪化、7月13日に沿岸警備用として「金剛」「赤城」などからなる「警備艦隊」が編成され、1週間後の19日にはこれが「西海艦隊」と改称された。そして「常備艦隊」とこの「西海艦隊」を合わせて「連合艦隊」が初めて編成され、その指揮官を常備艦隊司令長官が兼務することが明示された。

やがて明治27年7月31日に開戦された日清戦争における日本海軍の艦隊編制は【表12】に見るとおりである。日清戦争は建軍以来の対外戦争であったが、初の

【表12】明治27年7月31日、日清戦争開戦時の艦隊編制

艦隊		所属艦船
連合艦隊	常備艦隊	松島、厳島、橋立、千代田、吉野、浪速、高千穂、扶桑、秋津洲、比叡
		通報艦：八重山
		艦隊附属艦：磐城、愛宕、摩耶、鳥海、天城
		艦隊附属船：山城丸、近江丸、
		水雷母艦：筑紫
		水雷艇：小鷹、第1、7、12、13、22、23号水雷艇
	西海艦隊	金剛、天龍、大島、大和、葛城、高雄、赤城、武蔵
		艦隊附属船：玄洋丸
軍港・要港警備	横須賀軍港	筑波、干珠、第1、2、3、4、15、20号水雷艇
	呉軍港	鳳翔、館山、海門、第16、17号水雷艇
	佐世保軍港	満珠、第8、9、14、18、19、21、22号水雷艇
	竹敷要港	第5、6、10、11号水雷艇、西京丸、相模丸

【表13】明治27年9月17日、黄海海戦時の陣容

兵力部署		艦船名
本隊		松島、厳島、橋立、扶桑、千代田、比叡、赤城、西京丸
第1遊撃隊		吉野、高千穂、秋津洲、浪速、
威海衛夜襲水雷艇隊	第1艇隊	第13号水雷艇、小鷹、第23、12、7、11号水雷艇
	第2艇隊	第22、8、9、14、19、18号水雷艇
	第3艇隊	第6、5、10、21号水雷艇

【表14】明治29年4月の陣容

艦隊		所属艦船
常備艦隊		橋立、厳島、千代田、和泉、高雄、愛宕、天龍、摩耶、大和、鳥海、海門、操江
横須賀水雷団	第1水雷艇隊	小鷹、第1、3、5、14、18号水雷艇
	第2水雷艇隊	第2、4、6、15、20、23号水雷艇
呉水雷団		第12、13、17、24、26号水雷艇
佐世保水雷団		第7、8、9、19、21、25号水雷艇
竹敷要港部		第10、11、12号水雷艇、福龍

※操江、福龍は戦利艦艇。
※5/2に済遠、10/21に鎮遠(いずれも戦利艦)が加わり、天龍、和泉削除。

【表15】明治29年4月1日施行「海軍艦船条例」

類別	役務
第1種軍艦	戦闘の役務に堪えうる軍艦
第2種軍艦	戦闘の役務に堪えざるも、常務を帯び航行しえる軍艦
水雷艇	魚形水雷使用の趣旨に従い、特殊の構造を有し、戦闘の役務に堪えうる軍艦
雑役船舟	軍艦、水雷艇、及びこれに装置せる小蒸気船、端艇を除く外、すべての船舶舟艇

【表16】明治30年12月20日の常備艦隊編制

艦隊	所属艦船
常備艦隊	富士、八島、鎮遠、厳島、松島、橋立、秋津洲、須磨、摩耶、和泉、赤城、筑紫

【表17】明治31年3月21日改定「海軍艦船条例」で定められた艦種分類

艦種類別		等級	基準など
軍艦	戦艦	1等	10,000トン以上
		2等	10,000トン未満
	巡洋艦	1等	7,000トン以上
		2等	7,000トン未満 3,500トン以上
		3等	3500トン未満
	海防艦	1等	7,000トン以上
		2等	7,000トン未満 3,500トン以上
		3等	3500トン未満
	砲艦	1等	1,000トン以上
		2等	1,000トン未満
	通報艦		
	水雷母艦		
水雷艇		駆逐艇	
		1等水雷艇	120トン以上
		2等水雷艇	120トン未満 70トン以上
		3等水雷艇	70トン未満 20トン以上
		4等水雷艇	20トン未満
雑役船舟			

【表18】明治32年6月17日の鎮守府艦隊編制

艦隊	所属艦船
横須賀鎮守府艦隊	橋立、武蔵、八重山
呉鎮守府艦隊	吉野、千代田、赤城
佐世保鎮守府艦隊	富士、須磨、鳥海、宮古、笠置

艦隊決戦といえる黄海海戦での勝利により、戦争を有利に運ぶ結果となった。この海戦において特筆されるのは【表13】のように水雷艇を3隊に分けて運用したことで、これがのちの艦隊編制の形態につながっていく。

日清戦争に勝利した日本海軍は明治28年11月16日に西海艦隊を解隊、常備艦隊のみの平時編制に移行した。その規模、とくに主力艦の数は戦前の8隻体制から12隻体制へと1.5倍に増大していた。

また、威海衛の夜襲に見る水雷艇の活躍は首脳部を大きく動かし、その建造数も拡大、平時にはこれを軍港や要港の警備に充てるという名目で、明治29年4月1日付けで各鎮守府に「水雷団」を設置、同日付けで施行された「海軍艦船条例」の改定では艦船の本籍は鎮守府にあることが規定された。この頃の日本海軍の編制は【表14】のようなものである。同時に、明治23年に制定された艦船の類別が【表15】のように改定された。

【表19】明治36年12月28日の艦隊編制

艦隊		戦隊	所属艦船
連合艦隊	第1艦隊	第1戦隊	三笠、朝日、八島、敷島、
			初瀬
		第3戦隊	千歳、高砂、笠置、吉野
			通報艦：龍田
		第1駆逐隊	白雪、朝潮、霞、暁
		第2駆逐隊	雷、朧、電、曙
		第3駆逐隊	薄雲、東雲、漣
		第1艇隊	第69、67、68、70号水雷艇
		第14艇隊	千鳥、隼、真鶴、鵲
	第2艦隊	第2戦隊	出雲、吾妻、浅間、八雲、常盤
			磐手
		第4戦隊	浪速、明石、高千穂、新高
			通報艦：千早
		第4駆逐隊	速鳥、春雨、村雨、朝霧
		第5駆逐隊	陽炎、叢雲、夕霧、不知火
		第9艇隊	蒼鷹、鴿、雁、燕
		第20艇隊	第62、63、64、65号水雷艇
	附属艦船部隊		豊橋
		第1特務隊	春日丸、臺中丸、臺南丸、三池丸、神戸丸、山口丸、仁川丸、天津丸、福岡丸、武州丸、報国丸、金州丸、武揚丸
		第2特務隊	日光丸、香港丸、日本丸、江都丸、太郎丸、有明丸、彦山丸
第3艦隊		第5戦隊	厳島、鎮遠、橋立、松島
		第6戦隊	和泉、須磨、秋津洲、千代田
		第7戦隊	扶桑、平遠、海門、磐城、鳥海、愛宕、済遠、筑紫、摩耶、宇治
			通報艦：宮古
		第10艇隊	第43、42、40、41号水雷艇
		第11艇隊	第73、72、74、75号水雷艇
		第16艇隊	白鷹、第71、39、66号水雷艇

※表中の「戦隊」は便宜上のもので、艦隊編制上の正式なものではない。

【表20】明治40年12月24日制定
「平時編制標準」

第1艦隊	戦艦、一等巡洋艦8隻以内。二等、三等巡洋艦、通報艦2隻以内で編成
第2艦隊	巡洋艦、海防艦、通報艦6隻以内で編成
第3艦隊	巡洋艦、通報艦、砲艦7隻以内で編成
練習艦隊	巡洋艦3隻以内で編成

※各艦隊に必要に応じて駆逐隊を附属。
※各鎮守府に予備艦隊を置く。

【表21】明治41年1月1日の艦隊編制

第1艦隊	香取、鹿島、生駒、筑波(戦艦)
	春日、日進(一等巡洋艦)
	第1、7、9、14駆逐隊
第2艦隊	吾妻、最上、秋津洲、八重山(一等巡洋艦、海防艦)
	第11艇隊(7月より)
第3艦隊	音羽、明石(二等巡洋艦)
	宇治、隅田、伏見(砲艦)
練習艦隊	宗谷、阿蘇(戦利巡洋艦)

【表22】大正元年8月28日改定
「艦艇類別標準」で定められた艦種分類

艦種類別			
軍艦	戦艦		主力艦
	巡洋戦艦		戦艦の砲力と巡洋艦の速力を有するもの
	巡洋艦	1等	排水量7000トン以上、装甲巡洋艦など
		2等	排水量7000トン未満、防護巡洋艦など
	海防艦	1等	老朽戦艦や戦利戦艦を編入
		2等	旧式海防艦、旧大型通報艦など
	砲艦	1等	旧小型通報艦など
		2等	
	水雷母艦		
駆逐艦		1等	排水量1000トン以上
		2等	排水量1000トン未満
		3等	排水量300トン程度の旧式艦
水雷艇		1等	鳥の名がついた水雷艇
		2等	番号の名がついた水雷艇
潜水艇			

【表23】大正3年7月10日改定、12月1日施行
「艦隊平時編制」で定められた編成と任務

艦隊	戦隊	構成艦艇
第1艦隊	第1戦隊	戦艦、巡洋戦艦8隻
	第3戦隊	巡洋艦4隻
	第1水雷戦隊	巡洋艦1隻、駆逐隊4隊
	第3水雷戦隊	巡洋艦1隻、駆逐隊6隊
第2艦隊	第2戦隊	戦艦、巡洋戦艦8隻
	第4戦隊	巡洋艦4隻
	第2水雷戦隊	巡洋艦1隻
	第4水雷戦隊	巡洋艦又は海防艦1隻、潜水隊2隊
第3艦隊		巡洋艦、海防艦、砲艦8隻
練習艦隊		巡洋艦4隻

■日露戦争時の艦隊編制

日清戦争後、ロシア、ドイツ、フランスによる三国干渉により中国での権益を失った日本は、臥薪嘗胆を合言葉に艦隊の整備に取りかかった。

そして明治30年12月20日、イギリスに発注された戦艦「富士」と「八島」が艦隊編制に加わるとそれは一気に様変わりする。この2隻は日本海軍が手にした初めての近代戦艦であった。この時の常備艦隊の陣容は【表16】の通りであるが、こうした動きを受けて明治31年3月21日に「海軍艦船条例」の艦種の類別が【表17】のように改定されている。日本海軍がはじめて、保有する艦艇の「艦種」というものを決めたのである。

明治32年6月17日には「鎮守府艦隊条例」の施行により第二線艦艇による鎮守府艦隊が【表18】のように編成された。明治33年6月22日には「艦艇類別標準」が新たに制定され、それまで水雷艇の一種として規定されていた「駆逐艇」が「駆逐艦」となり、軍艦に分類されるようになった。駆逐艇は味方艦隊を攻撃してくる敵水雷艇を駆逐するためにできた艦種で、やがてそれ自身が強力な水雷兵装を持つ水上艦として整備されていった。

明治35年9月1日、「六六艦隊」として計画されていた戦艦6隻、装甲巡洋艦6隻のうち最後となる戦艦「三笠」がイギリスで竣工して艦隊編制に名を連ねた。

やがて明治36年12月28日、日本海軍は「第1艦隊」「第2艦隊」「第3艦隊」の3個艦隊編制となり、第1艦隊と第2艦隊をもって「連合艦隊」を編成、常備艦隊の名が消滅する。この時の陣容が【表19】のようなもので、これにイタリアで建造中だったアルゼンチン海軍向けの装甲巡洋艦を買い取った「春日」「日進」が加わり、日露戦争を戦うこととなる。わずかな間に六六艦隊を基幹として補助艦艇と徴用商船で脇を固める強力な艦隊を作り上げたことがうかがえ、翌年3月4日には第3艦隊も連合艦隊に編入された。

明治38年5月27日にロシアバルチック艦隊との日本海海戦で記録的な大勝利を収め、その後の戦争の帰趨を決した日本海軍は、艦隊決戦における勝利こそ、戦争に勝利するための最大条件であると認識するようになっていく。

なお、日本海海戦直後の明治38年6月15日に第4艦隊が編成され、第3艦隊とともに「北遣艦隊」を編成したが、戦争終結とともに解隊されている。

また、明治37年に日本海軍はアメリカのホランド型潜水艇を購入、横須賀工廠で組み立てていたが、竣工は戦争終結までに間に合わなかった。潜水艇はこの当時、水雷艇の1種と分類されていた。

■ド級戦艦が加わる～第1次世界大戦～

日露戦争終結後の明治38（1905）年12月2日、第3艦隊は「南清艦隊」と改名して再編され、翌明治39年には海軍兵学校を卒業した少尉候補生たちを乗せる「練習艦隊」が初めて編成された。

明治40年12月24日には艦隊編制を戦時から平時に切り替えるべく【表20】のような「平時編制標準」を制定、南清艦隊が再び「第3艦隊」となり、明治41年1月1日には【表21】の艦隊編制となった。常設の連合艦隊はなく、海軍大演習の際に臨時に編成されることとなる。

日露戦争の勝利により勢いづいた日本海軍は、明治39年以降、「香取」「鹿島」「筑波」「生駒」「伊吹」「薩摩」「鞍馬」「安藝」「河内」「攝津」と新世代型の戦艦や装甲巡洋艦を次々と竣工させていく。「薩摩」以降は国内建造された大型艦だ。

こうした状況から大正元年（明治45年）8月28日、「艦艇類別標準」を改め、艦種を【表22】のように定めた。すでに戦艦の等級は明治38年に廃止されており、新たに巡洋戦艦を設け、巡洋艦、海防艦については3等を廃止。3等海防艦の一部を砲艦に編入している。各艦の通信設備の向上により通報艦が廃止され、その一部は砲艦となった。

さらに大正3年7月10日に「艦隊平時編制」が改定され、編制が【表23】のよ

【表24】大正3年8月、第1次世界大戦時の艦隊編制

編制			所属艦船	艦種
第1艦隊	第1戦隊		摂津、安藝、薩摩	戦艦
	第3戦隊		金剛、比叡、鞍馬、筑波	巡洋戦艦
	第5戦隊		矢矧、平戸、新高、笠置	2等巡洋艦
	第1水雷戦隊		音羽	2等巡洋艦
		第1駆逐隊	有明、吹雪、霰、弥生	1等駆逐艦
		第2駆逐隊	神風、初霜、如月、響	1等駆逐艦
		第16駆逐隊	海風、山風	1等駆逐艦
		第17駆逐隊	櫻、橘	2等駆逐艦
第2艦隊	第2戦隊		周防、石見、丹後、沖島、鬼島	海防艦
	第4戦隊		磐手、常盤、八雲	1等巡洋艦
	第6戦隊		千歳、千代田、秋津洲	2等巡洋艦
	第2水雷戦隊		利根	2等巡洋艦
		第9駆逐隊	野分、白雪、白妙、松風	1等駆逐艦
		第12駆逐隊	浦波、綾波、磯波、朝霧	1等駆逐艦
		第13駆逐隊	朝潮、白雲、陽炎、村雨	1等駆逐艦
		第8駆逐隊	白露、三日月、夕立、夕暮	1等駆逐艦
		第5駆逐隊	潮、子ノ日、若葉、朝風	1等駆逐艦
			高千穂、松江、熊野丸	特務艦
	掃海隊	甲掃海隊		
		乙掃海隊		
			若宮	航空母艦
	附属特務部隊		関東	工作船
			八幡丸	病院船
	旅順要港部部隊		明石	2等巡洋艦
		第9艇隊		水雷艇
		第11艇隊		水雷艇
		第12艇隊		水雷艇
第3艦隊			対馬、最上、淀、宇治、隅田、伏見、鳥羽、嵯峨	砲艦
			春日、日進(8/24編入)	1等巡洋艦
練習艦隊			阿蘇、宗谷	

※若宮は航空母艦とあるが、この艦種が正式にできるのは大正9年である。

【表25】ワシントン条約での日本主力艦の処遇

	艦種	艦名	
既成艦	戦艦	摂津	軍艦籍から除き標的艦に改造
		安藝	除籍のうえ廃艦(標的処分)
		薩摩	
	巡洋戦艦	伊吹	除籍廃棄
		鞍馬	
		生駒	
	海防艦	三笠	除籍のうえ記念艦として保存
		富士	軍艦籍から除き練習特務艦へ
		朝日	
		敷島	
		肥前	除籍廃棄
		周防	
		石見	
未成艦	戦艦	加賀	建造取止め。空母改装(※)
		土佐	建造取止め(標的処分)
		紀伊	建造取止め
		尾張	
		第11号	
		第12号	
	巡洋戦艦	天城	建造取止め、空母改装(※)
		赤城	建造取止め、空母改装
		愛宕	建造取止め
		高雄	
		第8号	(※)
		第9号	
		第10号	
		第11号	
	航空母艦	翔鶴	建造取止め
		他1隻	

※天城は関東大震災で損傷。その代艦として加賀が空母となった。
※8号巡洋戦艦は、13号戦艦(八八艦隊での番号)とも称される。

うに定められた。じつは戦隊や水雷戦隊という言葉が初めて規定されたのがこの時のことである。翌大正4年には第1戦隊と第2戦隊に規定されている戦艦、巡洋戦艦8隻、計16隻は4隻ずつに分けられ、第5、第6戦隊が編成されるようになった。ここに、太平洋戦争開戦時における艦隊編制の基礎ができた。

やがて大正3年8月、ヨーロッパで第1次世界大戦の戦端が開かれた当時の艦隊編制は【表24】のようなものであった。第1艦隊に新鋭の弩級戦艦や巡洋戦艦を集中させ、第2艦隊は旧式戦艦や旧式装甲巡洋艦で構成されているのがわかる。この戦争で連合国兵力の一翼を担った日本海軍は、太平洋作戦部隊として「第1南遣支隊」「第2南遣支隊」「遣米支隊」を編成、ほかにハワイ方面警備に「浅間」と「常磐」を交代で派遣、印度洋、豪州方面作戦部隊として「特別南遣支隊」「第1特務艦隊」「第3特務艦隊」を編成、また、「第2特務艦隊」を編成して地中海方面作戦に派遣し、ウラジオストック方面には「浦塩斯徳警備派遣艦隊」を編成して配備した。

■軍縮時代到来～複雑化する艦隊編制～

第1次世界大戦が終結したとき、日本海軍はイギリス、アメリカに次ぐ世界第3位の海軍国にまで上り詰めていた。この成長に対して、とくにアメリカはアジアの権益を独占されるのではないかと懸念し、日英同盟を破棄させるなどイギリスとのひきはがしを図り、日本を常に牽制するようになっていく。

大正12（1923）年にワシントンで、アメリカ、イギリス、日本、フランス、イタリアの5ヶ国による海軍軍縮会議が開催された背景にはそういった一面もあったのである。主力艦の定義が基準排水量1万トン以上、口径8インチ（20.3ｃｍ）を超える砲を搭載し、航空母艦ではないもの、また航空母艦は基準排水量1万トンを超え、航空機を搭載することを目的とするものと規定したのがこの時である。これによりアメリカ、イギリス、日本の三大海軍国の主力艦の保有率を5：5：3と規定するワシントン軍縮条約が締結され、いずれもその保有量の4割を廃棄することとなる。り、これで「安藝」「薩摩」のほか、日露戦争における戦利戦艦が廃艦となり、「攝津」は標的艦へ改装、建造途中であった戦艦「土佐」「加賀」、巡洋戦艦「天城」「赤城」の建造中止となったが、その実態は旧式艦の廃棄にとどまるものであった。やや横道にそれるが、主力艦の増減は艦隊編制と密接な関係にあるので、【表25】で各艦の処遇についてを整理しておく。

ワシントン条約締結後の艦隊編制の主なものは【表26】のようになっていた。「第2戦隊」や「第3艦隊」「第2遣外艦隊」は名目上のみ、当分の間、兵力はない状

【表26】大正11年度の艦隊編制

編制			所属艦船
第1艦隊	第1戦隊		長門、陸奥、伊勢、日向
	第2戦隊		(未編成)
	第3戦隊		球磨、多摩、大井
	第1水雷戦隊		龍田
		第25駆逐隊	
		第26駆逐隊	
		第27駆逐隊	
		第28駆逐隊	
	第1水雷戦隊		筑摩、満州
		第4潜水隊	
		第5潜水隊	
		第6潜水隊	
第2艦隊	第4戦隊		金剛、比叡、霧島
	第5戦隊		名取、長良、鬼怒
	第2水雷戦隊		北上
		第1駆逐隊	
		第3駆逐隊	
	第1水雷戦隊		矢矧、韓崎
		第14潜水隊	
		第16潜水隊	
第3艦隊			(未編成)
第1遣外艦隊			対馬、安宅、嵯峨、鳥羽、伏見、隅田
第2遣外艦隊			(未編成)
練習艦隊			浅間、磐手、出雲

▲新偵察型巡洋艦として建造された古鷹型は、ロンドン条約の規定により重巡洋艦としてカテゴライズされるようになった。写真は2番艦「加古」の新造時の姿。

▲八八艦隊計画で建造されていた巡洋戦艦「赤城」は航空母艦に改造されることで存続した。写真は世界でも珍しい3段空母として改装されたばかりの頃の「赤城」。

▲千歳型水上機母艦は特務艦の枠で建造された。有事の際には甲標的母艦あるいは航空母艦となる。こうした抜け道もロンドン条約の影響によるもの。写真は3番艦の「瑞穂」。

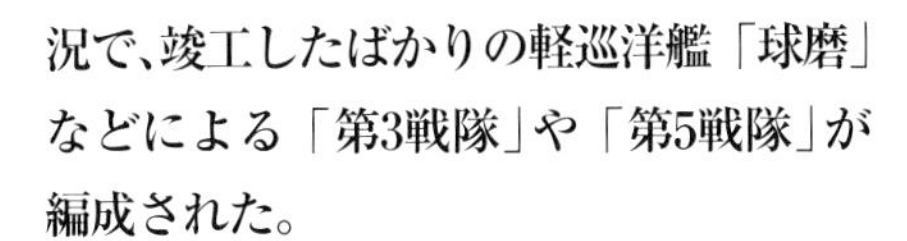

況で、竣工したばかりの軽巡洋艦「球磨」などによる「第3戦隊」や「第5戦隊」が編成された。

この、第1戦隊最新鋭戦艦、第3戦隊5500トン型軽巡洋艦という構成はその後も続き、大正15年度には新偵察型巡洋艦（まだ重巡洋艦というカテゴリーはない）である「古鷹」「加古」が竣工して第2艦隊第5戦隊に編入、昭和2年度には「青葉」「衣笠」がここへ加わり、「球磨」「多摩」と第9駆逐隊により「第2遣外艦隊」が編成された。昭和3年度には「第1航空戦隊」が初めて艦隊編制に登場、「鳳翔」と、ワシントン軍縮会議により空母へ改装された「赤城」、第6駆逐隊がここへ名を連ねている。

ワシントン軍縮条約は結果的に制限の対象とならなかった補助艦艇の建艦競争を助長させることとなった。

昭和2（1927）年6月に開催されたジュネーブ会議はアメリカ、イギリス、日本の3ヶ国で補助艦艇の制限を目指すものであったが成立せず、昭和5年1月から4月に開催されたロンドン会議によりロンドン軍縮条約が締結された。

このロンドン条約で初めて、それまでそれぞれの国でまちまちであった「巡洋艦」という艦種の世界的標準が定められている。その定義は主力艦（戦艦、巡洋戦艦）あるいは航空母艦以外の水上艦艇で、基準排水量1850トンを超え（だからこれ以下は駆逐艦となる。上限はワシントン会議で主力艦の規定とされた1万トン未満となる）、排水量にかかわらず、このうち口径6.1インチ（15.5ｃｍ）を超える砲を持つものを重巡洋艦（クルーザーA、あるいは甲巡洋艦）、それ以下のものを軽巡洋艦（クルーザーB、乙巡洋艦）とされた。航空母艦、駆逐艦、潜水艦の保有量も制限され、アメリカは3隻、イギリスは5隻、日本は1隻の戦艦をさらに廃棄する、ただし各国はうち1隻を練習戦艦に充てることができるとして「比叡」が練習戦艦となった。

このロンドン条約は、6.1インチ未満の砲を搭載する乙巡洋艦として建造し、条約失効後に8インチ砲に換装する最上型軽巡洋艦の出現、あるいは両条約の制限外となる特務艦として建造し、有事の際に航空母艦へと改装する千歳型水上機母艦や剣埼型給油艦、潜水母艦「大鯨」など、日本海軍独自の艦種や建艦方法が編み出される土壌となった。

■連合艦隊の常設化～戦時編制への移行～

昭和6（1931）年に満州事変が勃発し、翌7年に第1次上海事変が起こると、日本海軍は大陸方面の戦いを担当する「第3艦隊」を編成、昭和8年5月20日には「平時編制標準」が改定され、大演習のときのみに編成していた「連合艦隊」を常設化した。これをして戦時編制への移行がじょじょに始まったということができる。なお、これにより従来「第1艦隊司令長官兼連合艦隊司令長官」とされて

【表27】昭和9年の艦隊編制

編制			所属艦船
第1艦隊	第1戦隊		山城、扶桑、伊勢、榛名
	第2戦隊		(未編成)
	第8戦隊		長良、五十鈴、名取
	第1水雷戦隊		阿武隈
		第22駆逐隊	文月、皐月、長月、水無月
		第21駆逐隊	初霜、子ノ日、初春、若葉
		第29駆逐隊	疾風、夕凪、朝凪、追風
	第1潜水戦隊		多摩
		第7潜水隊	伊1、伊2、伊3
	第1航空戦隊		龍驤、鳳翔
		第5駆逐隊	松風、春風、朝風、旗風
			間宮、鳴戸
		第26駆逐隊	柿、楡
第2艦隊	第4戦隊		摩耶、鳥海、愛宕、高雄
	第6戦隊		青葉、衣笠、古鷹
	第2水雷戦隊		神通
		第6駆逐隊	雷、電、響
		第10駆逐隊	狭霧、漣、暁、
		第19駆逐隊	浦波、敷波、綾波
		第20駆逐隊	東雲、吹雪、磯波
	第2潜水戦隊		由良
		第18潜水隊	伊53、伊54、伊55
		第28潜水隊	伊59、伊60、伊63
		第29潜水隊	伊61、伊62、伊64
	第2航空戦隊		赤城
		第9駆逐隊	有明、夕暮、
		附属	鶴見、東亜丸
第3艦隊	第10戦隊		球磨、出雲
	第11戦隊		対馬、安宅、宇治、鳥羽、勢多、堅田、比良、保津、熱海、二見、嵯峨
			浦風、栗、栂
	第5水雷戦隊		龍田
		第16駆逐隊	
		第28駆逐隊	蓼、蓮、蓬
練習艦隊			磐手、浅間

【表28】昭和14年以降の主な艦隊編制の改定

年.月.日	
S14.11.15	第3、第4、第5艦隊を第1、第3、第2遣支艦隊に改編 内南洋防衛の第4艦隊を別に編成
S15.11.15	第6艦隊新設(第1、2、3潜水戦隊で編成)
S16.01.15	第11航空艦隊新設(第21、22、24航空戦隊で編成)
S16.04.10	第1航空艦隊新設(第1、2、4航空戦隊で編成) 第3艦隊新設
S16.05.01	第6潜水戦隊新設(第3艦隊に編入)
S16.07.25	第5艦隊新設
S16.07.31	南遣艦隊新設(大本営直轄)
S16.08.11	第4根拠地隊新設(第4艦隊編入)
S16.09.01	昭和16年度戦時編制を実施

●第4艦隊事件ってありましたよね?

本文を読んで「そういえば第4艦隊事件ってあったよな。あの第4艦隊はなんだったの?」と疑問に思われたあなたはかなりの海軍通。この事件は昭和10(1935)年9月26日に岩手県東方沖で台風と遭遇した第4艦隊の艦艇が艦首切断や上部構造物圧壊などの大きな損傷を負った(沈没艦はなかったが、殉職者多数)もの。

じつはこの時の第4艦隊は演習の際に敵の艦隊を演じる臨時編成のもの。大演習の際に編成され、演習終了と同時に解隊され、所属艦艇は艦隊編成上の所属へ戻っていった。

▲第4艦隊事件は大演習中に台風に遭遇して発生したもの。この時の第4艦隊は演習で赤軍(敵艦隊)を務める臨時編成のものだった。

いた肩書が「連合艦隊司令長官兼第1艦隊司令長官」と称されるようになっている。これを受けた昭和9年の艦隊編制は【表27】のようなものである。潜水戦隊や航空戦隊が各艦隊に編入されていたままであるほかは、すでに第1艦隊戦艦部隊、第2艦隊重巡部隊とする太平洋戦争時と同じような構成となっていた。

昭和12年7月7日に盧溝橋事件が勃発すると戦火は中国全土に拡大、決戦部隊であった第2艦隊が平時編制のまま北支方面に派遣され、中支、南支方面は第3艦隊が担当することとなった。同年7月には「第4艦隊」が編成され、これを合わせて「支那方面艦隊」が設置された。これが日露戦争以来途絶えていた、第4艦隊の復活である。さらに昭和13年2月1日には第5艦隊が新編されて支那方面艦隊へ加えられた。

これらの艦隊は翌昭和14年11月15日に第1、第3、第2遣支艦隊と改編されて消滅するが、同日付けで別の第4艦隊が内南洋防衛を目的として新編されている(このあたりの経緯については19ページのコラムを参照されたい)。

次いで昭和13年12月15日には長らく空席になっていた第1艦隊第3戦隊に戦艦「金剛」「榛名」が編入され、第1航空戦隊に「赤城」が、第2航空戦隊に「蒼龍」「龍驤」が編入された。それまで第1艦隊と第2艦隊には1個水雷戦隊が編入されていたが、これを2個水雷戦隊ずつに拡充したのがやはりこの頃のことである。

その後、段階的に【表28】のような編制の改定を行ない、太平洋戦争の開戦を迎えることとなる。

(吉野)

●鎮守府ってなんだろう

日本海軍の「艦隊」は、国政と密接に連動する「海軍省」「軍令部」といった中央機関と、鎮守府並びにそれに属する軍港や諸施設と連携してこそ存在できるものであった。そのうちの鎮守府のなりたちと役割について見ておこう。

■こうして4鎮守府体制になった！

日本が近代国家としての体裁を整えつつあった明治4（1871）年7月28日、兵部省内に「海軍提督府」が設置された。当時の日本海軍は徳川幕府から接収、または各藩から献上された艦船で構成されており、専用の軍港はなく、だいたい品川沖や浦賀沖に停泊するのが習わしとなっていた。これを管理し、付近諸港の防備を統括させようという動きである。

明治5年に兵部省が「陸軍省」と「海軍省」に分かれると、明治7年には勝安房（勝海舟）らが太政大臣に鹿児島、対馬、相模大津村への提督府の設置を上申、明治8年12月にはこの名を「鎮守府」と改め、「東海鎮守府」を横須賀に、「西海鎮守府」を長崎に設置する上請がされた。

明治9年8月31日、太政大臣から両鎮守府の設置が令達されると、9月14日、横浜にまず東海鎮守府が仮設され、明治17年12月15日にこれが横須賀に移転し「横須賀鎮守府」と改称された。

一方で西海鎮守府はなかなか設置されず、明治14年に千田貞暁広島県令（薩摩藩出身。海兵40期の千田貞敏中将の実父）が「広島県三原港に設置してはどうか？」と上申したのをきっかけに、明治17年に呉港が適当との結論がなされる。

やがて明治19年4月22日に「海軍条例」と「鎮守府官制」が制定されると日本近海を5つの海軍区に分け、その防衛を司る鎮守府を置くことが規定され、5月4日には第2海軍区を呉鎮守府、第3海軍区に佐世保鎮守府として開設準備に入り、明治22年7月1日に両鎮守府が開庁した。

同年2月には第5海軍区の鎮守府を室蘭に置くものと予定されていたが、設置されることはなく、明治34年10月1日に舞鶴鎮守府が開庁、明治36年には海軍区は4つに改められた。

これが我々のよく知る横須賀、呉、佐世保、舞鶴の体制である。

明治38年2月7日には占領したばかりの旅順に旅順鎮守府が開庁、大正3年3月13日に廃止され旅順要港部となった。

明治44年1月1日には4つとされていた海軍区が再び5つに変更され、佐世保鎮守府所管として鎮海軍港が設置された。

しかし、第1次世界大戦終了後の大正11年2月にワシントン軍縮条約が締結された影響で海軍区は3つとなり、舞鶴鎮守府は要港部へ縮小された。

やがて無条約時代が到来、昭和14年に舞鶴要港部を再び鎮守府と格上げし、再び4鎮守府体制となって太平洋戦争開戦を迎えたのである。

■鎮守府のやくわり

鎮守府の業務は海軍工廠を含む所轄の軍港の運営、担当管区の警備と防衛、そして下士官兵の教育と管理の3つである。

海軍工廠が設置されたのは明治36年と、じつは鎮守府の歴史から見て非常に浅いのだが、その源流は幕末に建造が開始され、明治5年の海軍省設置とともに創設された「横須賀造船所営繕掛」に求めることができる。これが明治19年4月24日に「横須賀鎮守府造船部」となり、明治22年に呉鎮守府、佐世保鎮守府が開庁するとそれぞれに造船部が設置され、明治30年9月3日、「横須賀海軍造船廠（呉、佐世保も同様。舞鶴造船廠は明治34年の鎮守府開庁と同時に設置）」となり、明治36年11月10日に「横須賀海軍工廠（呉、佐世保、舞鶴も同様）」となった。

日露戦争直後から大型艦艇の建造もこの海軍工廠で試みられるようになり、舞鶴工廠は規模の関係もあって駆逐艦の建造に注力するようになっていった。

各鎮守府には造船用のドックと既存艦の整備を行なうドックの2種類が備わっていることとなる。

ふたつ目の軍港や軍管区の警備については明治29年4月1日に水雷団が設置されたのを皮切りに水雷隊、防備隊と発展した。防備隊は鎮守府所管海面の防御を司るもので、下士官兵からなる特修兵の教育も担当した。

昭和8（1933）年には艦隊編制に加わらない艦艇により「警備戦隊」が編成されて鎮守府に隷属することとなる。さらに昭和9年12月16日には、各鎮守府に防備隊の上部組織となる「防備戦隊」が設けられた（附近海面の掃海を主任務とする）。

3つ目の下士官兵の教育と管理はその隷下にある海兵団や術科学校の運営である。陸軍に比べて日本海軍の水兵の多くは志願兵で成り立っており、やがてプロフェッショナルというべき下士官へ育っていくが、彼らは最初に、出身県によって4つの鎮守府が管轄する海兵団のうちいずれかに入団し、軍隊内での戸籍ともいうべき「兵籍」を付与され、それを鎮守府が管理するようになっていた。彼の配属される艦艇は自分の兵籍と同じ鎮守府に「艦籍」を持つものとなっている。

彼ら下士官兵を管理、あるいは一般から補充し、各艦艇へ人事異動させるのも鎮守府の大事な仕事であった。

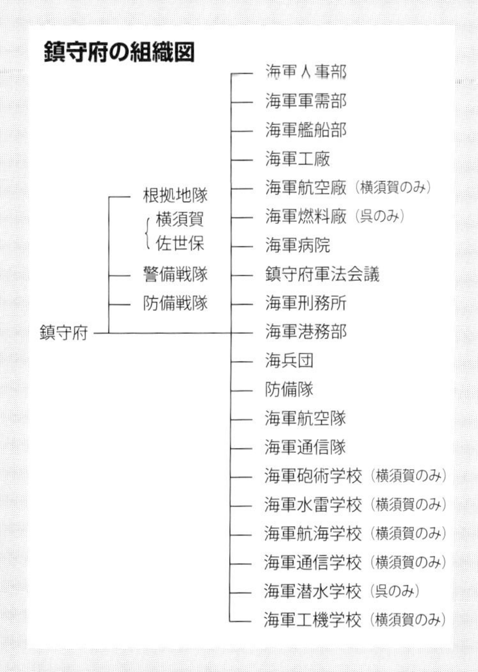

00. 昭和16年1月15日の艦隊編制

001 太平洋漸減作戦からの転換期の形態

〈艦隊〉	〈戦隊〉	〈隊〉	〈艦艇・航空隊〉	〈特設艦艇・特設航空隊・陸上兵力〉	〈指揮官〉
連合艦隊直率					連合艦隊司令長官
	第17戦隊		厳島、八重山		第17戦隊司令官
	第4潜水戦隊		北上		第4潜水戦隊司令官
		第18潜水隊	伊53、伊54、伊55		
		第19潜水隊	伊56、伊57、伊58		
		第21潜水隊	呂33、呂34		
	第5潜水戦隊		由良		第5潜水戦隊司令官
		第28潜水隊	伊59、伊60		
		第29潜水隊	伊62、伊62、伊64		
		第30潜水隊	伊65、伊66		
	第6航空戦隊		野登呂	神川丸	第6航空戦隊司令官
	附属		千代田、矢風、摂津、明石、朝日、室戸	朝日丸、靖国丸、りおでじゃねろ丸	
	補給部隊	運送艦	間宮、鶴見、佐多、鳴戸、知床	旭東丸、総洋丸	
第1艦隊					第1艦隊司令長官（連合艦隊司令長官兼務）
	第1戦隊		長門、陸奥		第1戦隊司令長官直率
	第2戦隊		伊勢、日向		第2戦隊司令官
	第3戦隊		霧島、比叡		第3戦隊司令官
	第6戦隊		青葉、加古、古鷹		第6戦隊司令官
	第1水雷戦隊		阿武隈		第1水雷戦隊司令官
		第6駆逐隊	響、暁		
		第7駆逐隊	曙、潮、漣、朧		
		第21駆逐隊	初春、子ノ日、初霜、若葉		
		第27駆逐隊	有明、夕暮、時雨、白露		
	第3水雷戦隊		川内		第3水雷戦隊司令官
		第11駆逐隊	吹雪、初雪、白雪		
		第12駆逐隊	白雲、叢雲、東雲		
		第19駆逐隊	磯波、浦波、敷波、綾波		
		第20駆逐隊	天霧、朝霧、夕霧、狭霧		
	第3航空戦隊		鳳翔、龍驤		第3航空戦隊司令官
		第34駆逐隊	羽風、秋風、太刀風、夕風		
	第7航空戦隊		瑞穂、千歳		第7航空戦隊司令官
第2艦隊					第2艦隊司令長官
	第4戦隊		高雄、愛宕、摩耶、鳥海		第2艦隊司令長官直率
	第5戦隊		那智、羽黒		第5戦隊司令官
	第7戦隊		最上、三隈、鈴谷、熊野		第7戦隊司令官
	第8戦隊		利根、筑摩		第8戦隊司令官
	第2水雷戦隊		神通		第2水雷戦隊司令官
		第8駆逐隊	荒潮、満潮、朝潮、大潮		
		第15駆逐隊	黒潮、親潮、早潮、夏潮		
		第16駆逐隊	初風、雪風、時津風、天津風		
		第18駆逐隊	霰、霞、陽炎、不知火		
	第4水雷戦隊		那珂		第4水雷戦隊司令官
		第2駆逐隊	村雨、五月雨、春雨、夕立		
		第9駆逐隊	朝雲、峯雲、夏雲、山雲		
		第24駆逐隊	海風、山風、江風、涼風		
	第1航空戦隊		加賀		第1航空戦隊司令官
		第3駆逐隊	汐風、帆風		
	第2航空戦隊		蒼龍、飛龍		第2航空戦隊司令官
		第23駆逐隊	菊月、夕月、卯月		

	第1根拠地隊		白鷹、蒼鷹、初鷹	いくしま丸、妙高丸、君島丸、白山丸 第1砲艦隊 第11、51、52駆潜隊 第1防備隊 第1通信隊 第1港務部	第1根拠地隊司令官
		第1掃海隊			
		第21掃海隊	第7、8、9、10、11、12号掃海艇		
		第1駆潜隊	第1、2、3号駆潜艇		
	第2根拠地隊			射水丸、新興丸、日祐丸、須磨の浦丸、西安丸、乾隆丸、筥崎丸 第2、3砲艦隊 第3、4掃海隊 第53駆潜隊 第2防備隊 第2通信隊 第2港務部	第2根拠地隊司令官
		第21駆潜隊	第16、17、18号駆潜艇		
		第31駆潜隊	第4、5、6、10、11、12号駆潜艇		
第4艦隊					第4艦隊司令長官
	第18戦隊		天龍、龍田、鹿島		第4艦隊司令長官直率
	第19戦隊		沖島、常磐		第19戦隊司令官
	第6水雷戦隊		夕張		第6水雷戦隊司令官
		第29駆逐隊	追風、疾風、朝凪、夕凪		
		第30駆逐隊	睦月、弥生、望月、如月		
	第7潜水戦隊		迅鯨		第7潜水戦隊司令官
		第26潜水隊	呂60、呂61、呂62		
		第27潜水隊	呂65、呂66、呂67		
		第33潜水隊	呂63、呂64、呂68		
	第3根拠地隊			福山丸 第4砲艦隊 第13掃海隊 第55駆潜隊 第3防備隊 第3通信隊 第7航空隊（※1）	第3根拠地隊司令官
	第5根拠地隊			勝泳丸、日海丸、弘玉丸 第56駆潜隊 第4、5防備隊 第4通信隊 第5通信隊 第8航空隊	第5根拠地隊司令官
	第6根拠地隊			第8砲艦隊 第16掃海隊 第62駆潜隊 第6防備隊 第6通信隊 第19航空隊	第6根拠地隊司令官
第6艦隊					第6艦隊司令長官
	第1潜水戦隊		香取、伊20、大鯨		第6艦隊司令長官直率
		第1潜水隊	伊15、伊16		
	第2潜水戦隊		長鯨、伊7		第2潜水戦隊司令官
		第7潜水隊	伊1、伊2、伊3		
		第8潜水隊	伊4、伊5、伊6		
	第3潜水戦隊		五十鈴、伊8		第3潜水戦隊司令官
		第11潜水隊	伊74、伊75		
		第12潜水隊	伊68、伊69、伊70		
		第20潜水隊	伊71、伊72、伊73		
第11航空艦隊					第11航空艦隊司令長官
	第21航空戦隊		高雄航空隊、鹿屋航空隊、東港航空隊	葛城丸、小牧丸	第11航空艦隊司令長官直率
	第22航空戦隊		美幌航空隊、元山航空隊	富士川丸	第22航空戦隊司令官
	第24航空戦隊		神威 千歳航空隊、横浜航空隊	五洲丸	第24航空戦隊司令官
	附属		峯風、沖風		
支那方面艦隊					支那方面艦隊司令長官
	附属		出雲	牟婁丸、白沙、第36共同丸	
		上海特別陸戦隊			
	上海方面根拠地隊		栗、蓮、栂	日本海丸 第13、14砲艦隊 第1、2砲艇隊 上海港務部	
		舟山島基地隊			
		南京基地隊			
		第11水雷隊	雉、雁、鳩、鷺		

支那方面艦隊	第1遣支艦隊					第1遣支艦隊司令長官
		第11戦隊		安宅、鳥羽、勢多、比良、保津、堅田、熱海、二見、伏見、隅田、橋立		第1遣支艦隊司令長官直率
		附属	漢口特別根拠地隊			
			九江基地隊			
					第12航空隊	
	第2遣支艦隊					第2遣支艦隊司令長官
		第15戦隊		足柄、長良		第2遣支艦隊司令長官直率
		第5水雷戦隊		名取		第5水雷戦隊司令官
			第5駆逐隊	春風、旗風、朝風、松風		
			第22駆逐隊	文月、皐月、長月、水無月		
		附属		占守、嵯峨、第17、18号掃海艇	第14航空隊	
			広東方面特別根拠地隊			
			厦門方面特別根拠地隊			
		海南島根拠地隊			横鎮第4特別陸戦隊、舞鎮第1特別陸戦隊、佐鎮第8特別陸戦隊 第15、16防備隊	海南島根拠地隊司令官
			第1水雷隊	鴻、隼、鵯、鵲		
	第3遣支艦隊					第3遣支艦隊司令長官
		第12戦隊		磐手	首里丸	第3遣支艦隊司令長官直率
			第21水雷隊	初雁、真鶴、友鶴、千鳥		
		附属	青島方面特別根拠地隊			
横須賀鎮守府部隊（※2）						横須賀鎮守府
				駒橋、宗谷、第22、23号駆潜艇 横須賀航空隊、木更津航空隊	横須賀第1、2海兵団	
		横須賀警備戦隊		初島	能代丸、昌栄丸、第1号明治丸 第25掃海隊	
			横須賀警備隊			
		東京湾防備部隊		猿島		
		館山航空隊				
			附属	澤風		
		横須賀海兵団練習艦		春日（※3）		
		航海学校練習艦		富士（※3）		
		補給部隊	運送艦	宗谷	明天丸、武庫丸	
佐世保鎮守府部隊						佐世保鎮守府
				野登呂、佐多、敷島（※3） 佐世保航空隊、大村航空隊		
		佐世保警備戦隊				
			附属		浮島丸、華山丸	
		佐世保防備戦隊				
			附属	燕、鷗、大立		
			佐世保防備隊	平島	富津丸、新京丸、第5信洋丸	
			第42掃海隊			
		大島根拠地隊				
		附属		河北丸		
			第41掃海隊			
		補給部隊	運送艦		広徳丸、那智山丸、萬光丸、辰和丸、旭光丸	
呉鎮守府部隊						呉鎮守府
				勝力、樫野、伊52 呉航空隊、佐伯航空隊、岩国航空隊	呉海兵団、大竹海兵団 呉潜水艦基地隊 呉通信隊	
			第6潜水隊	呂57、呂58、呂59（練習艦）		
		呉警備戦隊			盤谷丸、西貢丸	
		呉防備戦隊			第31、33掃海隊	
			第13駆逐隊	若竹、早苗、呉竹、第19、20、21号駆潜艇		
		佐伯防備隊		夏島、那沙美、第31、46号哨戒艇、釣島、黒神、片島	金城山丸 第51、52、53駆潜特務艇	
		潜水学校付属		八雲		
		呉海兵団練習艦		浅間		
舞鶴鎮守府部隊						舞鶴鎮守府
		舞鶴警備戦隊				
		舞鶴防備戦隊				
		附属		成生、立石、戸島、鷺埼、	山東丸	
			第35掃海隊			
馬公警備府部隊						馬公警備府
		馬公防備隊		測天、江之島、似島	千洋丸、名白丸	
			第44掃海隊			

大湊警備府部隊					大湊警備府
	附属		沖風、国後、八丈、石垣、大泊		
		第1駆逐隊	野風、沼風、波風、神風		
		第27掃海隊			
	大湊防備隊		白神、葦埼、黒埼、	第2号新興丸、瑞興丸、千歳丸	
鎮海要港部部隊					鎮海要港部
	鎮海防備戦隊				
	附属		峯風		
		第32駆逐隊	朝顔、芙蓉、苅萱		
		第48掃海隊			
		第49掃海隊			
	鎮海防備隊		巨済、黒島、加徳		
	羅津根拠地隊	羅津防備隊		盛京丸、白海丸	
大阪警備府部隊					大阪警備府
高雄警備府部隊					高雄警備府
			円島		
旅順警備府部隊					旅順警備府
		第50掃海隊			
海軍省					
	附属		野島		
	機関学校練習艦		吾妻（※3）		
	特別役務艦		剣埼		
	第4予備駆逐艦		薄雲		
	第4予備潜水艦		伊61（沈）		
	予備潜水艦		呂30、呂31、呂32		
	補給部隊	運送艦	早鞆、襟裳、尻矢、石廊、樫野	国洋丸、宝洋丸、東栄丸、朝風丸、第6基隆丸、三江丸、朝光丸、甲谷陀丸、金龍丸、浅香丸	

◆駆潜隊や掃海隊については特に重要なもの以外は艦名を略した。多くは特設艦艇からなるものである。
※1：番号で呼称される航空隊は特設航空隊である。
※2：鎮守府の兵力は「鎮守府部隊」として編成されていた。
※3：富士、敷島は明治時代の戦艦、春日、吾妻も同じく装甲巡洋艦で、それぞれ軍港に繋留練習艦として使用されていた。

太平洋漸減作戦の名残を色濃く残す編制

太平洋戦争の艦隊編制の推移を見ていく前に、まずは開戦およそ1年前となる昭和16年（1941）1月の様子を見ておきたい。

この艦隊編制は、いまだ明治時代以来の艦隊決戦思想とそれを実現するための太平洋漸減作戦構想を色濃く残した形態であるといえる。

連合艦隊は「第1艦隊」、「第2艦隊」を率いて太平洋西部に仮想敵アメリカ太平洋艦隊を誘い込んで艦隊決戦を行ない、戦争の帰趨を一気に決することを目途に醸成されてきた。

連合艦隊司令長官が直率する第1艦隊はいわゆる戦艦部隊であり、10隻の戦艦を擁するが、「扶桑」「山城」「金剛」「榛名」はいずれも改装中であるため、この艦隊編制には掲載されていない。

これに奇数番号の第1水雷戦隊、第3水雷戦隊が続くが、これらは敵駆逐艦などが味方戦艦部隊に迫る際に露払いの役目を帯びる、いわば“受け”の兵力である。同じく第1艦隊に配属されている第3航空戦隊、第7航空戦隊も味方戦艦部隊を攻撃してくる敵航空兵力に対抗するためのものである。

第2艦隊は1万トンクラスの重巡洋艦を主力とする部隊であり、偶数番号の第2水雷戦隊、第4水雷戦隊とともに夜戦で敵主力艦へひと太刀浴びせるための“攻め”の兵力である。

第2水雷戦隊が数ある水雷戦隊の中でエースナンバーと目されるのは夜戦での活躍を期待されるこの第2艦隊の先鋒を勤めるためで、子隊（駆逐隊）の各艦も朝潮型や新鋭の陽炎型で構成されていることがわかる。

ここで注目したいのは第1航空戦隊、第2航空戦隊といった空母部隊がこの第2艦隊に属していること。この頃はまだ空母は巡洋艦と同様、戦艦の補助兵力であったことの現れと言えるだろう。

第4艦隊は委任統治領であるトラックに司令部を置き、中部太平洋の島嶼への基地整備、並びに将来的な防衛を司る組織として昭和14年11月15日付けで新編されたもの（軍縮期間中は委任統治領の要塞化はご法度だった。なお、それまで支那方面艦隊にあった第4艦隊は第3遣支艦隊と改編されているため、同名を冠した別物と考えられたい。右ページコラム参照)。

この当時の第4艦隊は軽巡洋艦、旧式駆逐艦や呂号潜水艦を主力とし、パラオ防衛用の第3根拠地隊、カロリン諸島防衛用の第4根拠地隊、マリアナ諸島防衛用の第5根拠地隊、マーシャル諸島防衛用の第6根拠地隊を指揮下に置いていた。これらの島嶼はいずれも委任統治領である。

潜水艦隊ともいえる第6艦隊が編成されたのは、この編成の少し前の昭和15年11月15日付けの艦隊編制改定においてであった。従来、各潜水戦隊は、ここで見た水雷戦隊や航空戦隊のように第1艦隊や第2艦隊などに配属され、その補助兵力と見なされてきたが、これを統合運用するための措置であった。

ただし、その姿とは裏腹に、日本海軍、とくに連合艦隊の首脳部は潜水艦の特性を充分に理解せぬまま終戦まで運用し、ついに効果的な作戦指導ができなかったのである。

なお、第1潜水戦隊は竣工しはじめた新巡潜型（乙型や丙型などと呼ばれるもの）の潜水艦が編入されはじめており、第2潜水戦隊は従来の巡潜1型（伊1型）、巡潜2型（伊6型）で、第3潜水戦隊は海大型潜水艦で編成されているのが読み取れる。この3つの潜水戦隊が、開戦時にハワイ包囲網を構成するのである（この、狭い海域に大量の潜水艦を配置する包囲網という使い方こそが、もっともその特性を理解しない用法であった）。

第11航空艦隊は20番台の航空戦隊と麾下の基地航空隊により編成されたもので、ロングランス（長い槍）の陸上攻撃機を主力として洋上遥かに敵主力艦の撃滅、漸減を目論むもの。ただし、これを援護する新鋭の零式艦上戦闘機（零戦）はまだ基地航空隊には充足しておらず、第12航空隊と第14航空隊など一部が使用するのみである。横浜航空隊は、四発の九七式飛行艇を装備する長距離偵察隊で、洋上索敵によりいち早く敵艦隊の来攻海面を察知するためでなく、肉薄雷撃をも辞さない兵力だ。

支那方面艦隊は、支那事変以降、大陸沿岸だけでなく、奥地進攻を視野に入れて編成された組織で、右ページのコラムのように昭和14年11月に大幅な改訂をされているので注意しておきたい。

鎮守府は主に下士官兵の人事の管理と軍港の警備を司る組織だが、最低限の艦艇が配属され、表中に現れないような小型の特設艦艇、また雑役船などと分類される船舶を管理運行する。

軍港に入港してきた大型艦を繋留ブイへと導く曳き船（タグボート）は各鎮守府軍港の港務部が所轄するものである。

なお、舞鶴鎮守府は軍縮の影響でしばらく要港部に格下げされており、昭和14年に再び鎮守府に昇格した。これにより、それまで横須賀鎮守府管轄にあった下士官兵の軍籍は舞鶴鎮守府に移管され、重巡「利根」「筑摩」が艦籍を舞鶴へ移している。

海軍省で所轄する運送艦の多くは艦隊型給油艦、並びに徴用タンカーであり、このうちの何隻かは、ハワイ作戦において機動部隊に随伴したことで名が知られるものである。

（吉野）

●太平洋漸減作戦構想とは

日露戦争での戦訓により、日本海軍は艦隊決戦で戦争の帰趨を決する思想を持つに至るが、やがて太平洋を挟んで対峙するアメリカ合衆国を仮想敵とするようになると、国力の差からそれと対等な海軍力を整備することは困難とも分析していた。

そこで、ハワイを出撃して日本へと向かうアメリカ艦隊をその進撃路において潜水艦などの補助兵力で邀撃し、敵主力艦の数をわが方と同等程度にまで削減してから主力艦同士の艦隊決戦に持ち込む戦略を構築する。

これを「太平洋漸減作戦構想」という。

やがて日本海軍はその補助兵力として独創的な「陸上攻撃機」などを編み出すが、この漸減作戦を成立させるために最低限必要な主力艦の対米比率が、ワシントン海軍軍縮会議で固執した7割だったのである。

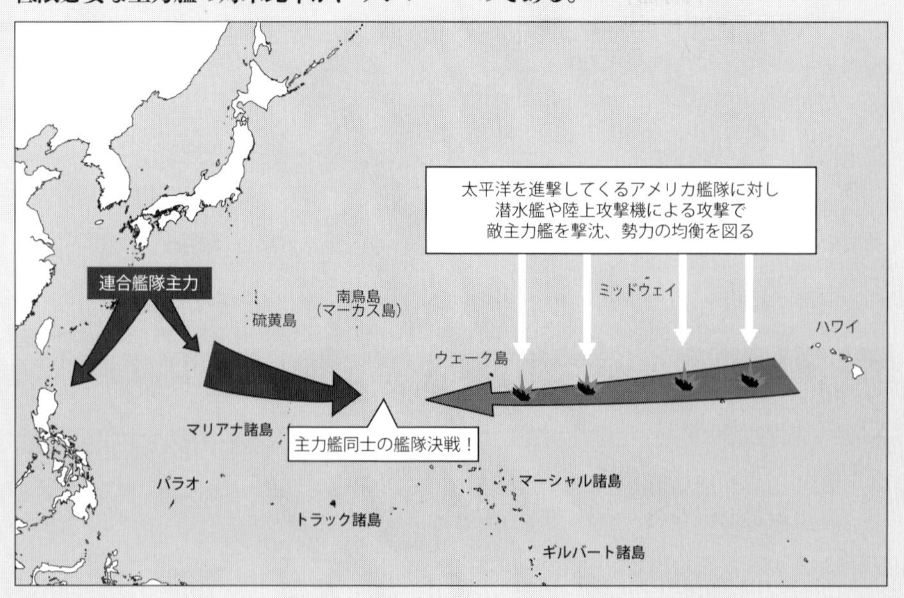

●知っておきたい支那方面艦隊のしくみと海軍の特設部隊

支那方面艦隊の編制改定

太平洋戦争における日本海軍の主戦場は文字通り太平洋であったが、そればかりに気を取られ、中国方面の様相がなおざりになる傾向がある。本書でも記述の中心は太平洋方面となるので、ここで支那方面艦隊について触れておきたい。

昭和7（1932）年1月末に勃発した第1次上海事変により、日本海軍は空席となっていた「第3艦隊」を新編して中国大陸においたが、昭和12年7月に盧溝橋事件が起こると、10月20日に「第4艦隊」を新たに編成、ふたつを合わせて「支那方面艦隊（略称：CSF）」を編成した。さらに昭和13年2月1日には「第5艦隊」が編成され、この3個艦隊で日中戦争を戦うこととなった

やがて昭和14年11月15日、支那方面艦隊麾下部隊の全面的改編が以下のように行なわれた。

①遣支艦隊の創設

第3艦隊（中支担当）→第1遣支艦隊
第4艦隊（北支担当）→第3遣支艦隊
第5艦隊（南支担当）→第2遣支艦隊

②根拠地隊の設置

第1根拠地隊→上海方面根拠地隊

第1連合陸戦隊
横須賀鎮守府第1特別陸戦隊
佐世保鎮守府第5特別陸戦隊
→青島方面特別根拠地隊

第2根拠地隊
第3防備隊
→広東方面特別根拠地隊

第3根拠地隊
横須賀鎮守府第2特別陸戦隊
第1防備隊
→厦門方面特別根拠地隊

第3根拠地隊→海南島特別根拠地隊
第4防備隊→漢口方面特別根拠地隊

③基地隊の設置

呉鎮守府第5特別陸戦隊→南京基地隊
第13砲艇隊→九江基地隊

④その他

第5防備隊→第15防備隊
第6防備隊→第16防備隊
第3砲艦隊→第13砲艦隊
第4砲艦隊→第14砲艦隊
第5砲艦隊→第15砲艦隊
特設砲艦首里丸→特設水雷母艦首里丸
第1港務部→上海港務部

改編の根拠は判然としないが、長期化した支那事変を支那方面艦隊に任せ、対米戦に備える目的と推測されている。

根拠地隊と特別根拠地隊は同じような内容の組織だが、根拠地隊のほうが特別根拠地隊よりも規模や担当任務の範囲が大きかった。

特別陸戦隊

陸戦隊はもともと陸上戦を行なうために艦艇の乗員をもって臨時に編成されるものであったが、上海や揚子江付近の日本人居留民の保護のため昭和7年10月1日に定められた「特別陸戦隊令」により常設化されたのが特別陸戦隊である。当初は上海特別陸戦隊のみであったが、昭和12年以降、各鎮守府ごとに編成され、大体のものが昭和14年までに吸収、改編されるなどしていったん姿を消した。

特設砲艇隊

揚子江遡江作戦において、河川や浅海面に敷設された機雷を掃海するために編成された、浅喫水の掃海艇や漁船、陸軍の大発、小発、または拿捕した中国艦艇を使用する部隊で、第1、第2、第11、第12、第13、第14、北支の各砲艇隊があったが、昭和15年12月までに順次解隊され、昭和16年1月の時点では第1、第2砲廷隊が残るのみであった。

特設防備隊

その所在地、及び海面の防御と警備に当たり、状況に応じて港務や工作、軍需品の配給に携わり、さらに必要に応じて患者の診療に関することも行なう後方機関で、支那事変では進攻作戦の停止後に所在の陸戦隊や砲艇隊が改編されて防備隊となっている。この規模が拡大したものが特別根拠地隊である。

特設基地隊

陸戦隊や砲艇隊を前身とする、所在地の防御と警備、並びに必要に応じて港務や通信、軍需品の補給に携わる組織で、南京基地隊、九江基地隊、舟山島基地隊の3つが該当。いずれも昭和16年7月31日付けで南京警備隊、九江警備隊、舟山島警備隊と改編された。

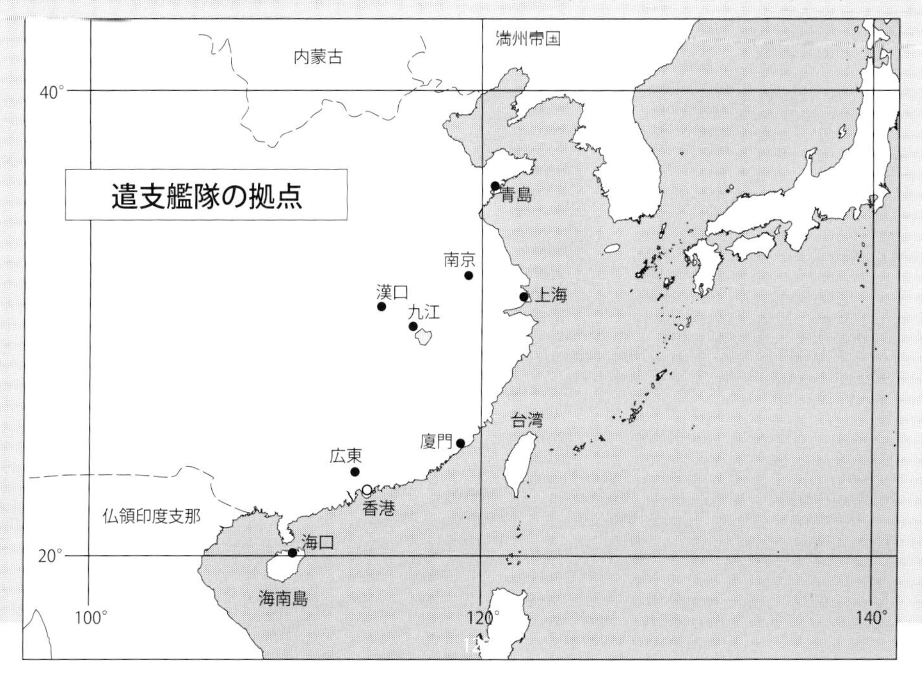

01. 昭和16年12月8日の艦隊編制

011 太平洋戦争開戦時の連合艦隊の陣容

〈艦隊〉	〈戦隊〉	〈隊〉	〈艦艇・航空隊〉	〈特設艦艇・特設航空隊・陸上部隊〉	〈指揮官〉
連合艦隊直率					山本五十六大将(32)
	第1戦隊		長門、陸奥		連合艦隊司令長官直率
	第24戦隊			報国丸、愛国丸、清澄丸	武田盛治少将(38)
	第4潜水戦隊		鬼怒	名古屋丸	吉富説三少将(39)
		第18潜水隊	伊53、伊54、伊55		
		第19潜水隊	伊56、伊57、伊58		
		第21潜水隊	呂33、呂34		
	第5潜水戦隊		由良	りおでじゃねろ丸	醍醐忠重少将(40)
		第28潜水隊	伊59、伊60		
		第29潜水隊	伊62、伊64		
		第30潜水隊	伊65、伊66		
	第11航空戦隊		瑞穂、千歳		藤田類太郎少将(38)
	第1連合通信隊		東京海軍通信隊、高雄海軍通信隊、父島海軍通信隊、	沖縄通信隊、第3、4、5、6通信隊	
	附属		千代田、矢風、摂津、明石、朝日、室戸、尻矢、鶴見、伊良湖、間宮	朝日丸、高砂丸 横須賀鎮守府第1、2、3特別陸戦隊、呉鎮守府第1、2特別陸戦隊	
		第1哨戒艇隊	第1、2、32、33、34、35、36、37、38、39号哨戒艇		
		佐世保連合特別陸戦隊		佐世保鎮守府第1、2特別陸戦隊	
第1艦隊					高須四郎中将(35)(※1)
	第2戦隊		伊勢、日向、扶桑、山城		第1艦隊司令長官直率
	第3戦隊		金剛、榛名、霧島、比叡		三川軍一中将(38)
	第6戦隊		青葉、衣笠、加古、古鷹		五藤存知少将(38)
	第9戦隊		大井、北上		岸　福治少将(40)
	第1水雷戦隊		阿武隈		大森仙太郎少将(41)
		第6駆逐隊	雷、電、響、暁		
		第17駆逐隊	谷風、浦風、浜風、磯風		
		第21駆逐隊	初春、子ノ日、初霜、若葉		
		第27駆逐隊	有明、夕暮、時雨、白露		
	第3水雷戦隊		川内		橋本信太郎少将(41)
		第11駆逐隊	吹雪、初雪、白雪		
		第12駆逐隊	白雲、叢雲、東雲		
		第19駆逐隊	磯波、浦波、敷波、綾波		
		第20駆逐隊	天霧、朝霧、夕霧、狭霧		
	第3航空戦隊		鳳翔、瑞鳳、三日月、夕風		桑原虎雄少将(37)
	附属			神祥丸	
第2艦隊					近藤信竹中将(35)
	第4戦隊		高雄、愛宕、摩耶、鳥海		第2艦隊司令長官直率
	第5戦隊		那智、羽黒、妙高		高木武雄少将(39)
	第7戦隊		最上、三隈、鈴谷、熊野		栗田健男少将(38)
	第8戦隊		利根、筑摩		阿部弘毅少将(39)
	第2水雷戦隊		神通		田中頼三少将(41)
		第8駆逐隊	荒潮、満潮、朝潮、大潮		
		第15駆逐隊	黒潮、親潮、早潮、夏潮		
		第16駆逐隊	初風、雪風、時津風、天津風		
		第18駆逐隊	霞、朧、陽炎、不知火		
	第4水雷戦隊		那珂		西村祥治少将(39)
		第2駆逐隊	村雨、五月雨、春雨、夕立		
		第4駆逐隊	野分、嵐、萩風、舞風		
		第9駆逐隊	朝雲、峯雲、夏雲、山雲		
		第24駆逐隊	海風、山風、江風、涼風		
	附属		襟裳	神風丸	

第3艦隊（S17.3.10　第2南遣艦隊と改称）					高橋伊望中将（36）
	第16戦隊		足柄、長良、球磨		第3艦隊司令長官直率
	第17戦隊		厳島、八重山	辰宮丸	小林徹理少将（38）
	第5水雷戦隊		名取		原 顕三郎少将（37）
		第5駆逐隊	春風、旗風、朝風、松風		
		第22駆逐隊	文月、皐月、長月、水無月		
	第6潜水戦隊		長鯨		河野千万城少将（42）
		第9潜水隊	伊123、伊124		
		第13潜水隊	伊121、伊122		
	第12航空戦隊			神川丸、山陽丸	今村　修少将（40）
	第1根拠地隊 [仏印進駐・先遣隊]		白鷹、蒼鷹	君島丸、白山丸 第1防備隊 第1通信隊 第1港務部	
		第21掃海隊	第7、8、9、10、11、12号掃海艇		
		第1駆潜隊	第1、2、3号駆潜艇		
		第2駆逐隊	第13、14、15号駆潜艇		
		第51駆潜隊		第12京丸、第13京丸、第1号東光丸	
		第52駆潜隊		第5拓南丸、第17拓南丸、第15福栄丸	
		第1砲艦隊		慶興丸、妙見丸、威力興丸、武昌丸	
	第2根拠地隊 [ボルネオ担当]		若鷹	讃岐丸、辰春丸、日祐丸、須磨の浦丸、西安丸、射水丸 第2防備隊 第2通信隊 第2港務部	
		第21水雷隊	初雁、真鶴、友鶴、千鳥		
		第11掃海隊	第13、14、15、16号掃海艇		
		第2砲艦隊		萬洋丸、神津丸、大興丸、億洋丸	
		第3砲艦隊		南浦丸、木曽丸、阿蘇丸	
		第21駆潜隊	第16、17、18号駆潜艇		
		第31駆潜隊	第4、5、6、10、11、12号駆潜艇		
		第53駆潜隊		第2京丸、第11京丸、興領丸	
		第54駆潜隊		第1拓南丸、第2拓南丸	
	第32特別根拠地隊				
	附属			山彦丸、北陸丸、畿内丸 佐世保鎮守府第二特別陸戦隊	
第4艦隊					井上成美中将（37）
			鹿島		
	第18戦隊		天龍、龍田		丸茂邦則少将（40）
	第19戦隊		沖島、常磐、津軽	天洋丸	志摩清英少将（39）
	第6水雷戦隊		夕張		梶岡定道少将（39）
		第29駆逐隊	追風、疾風、朝凪、夕凪		
		第30駆逐隊	睦月、弥生、望月、如月		
	第7潜水戦隊		迅鯨		大西新蔵少将（42）
		第26潜水隊	呂60、呂61、呂62		
		第27潜水隊	呂65、呂66、呂67		
		第33潜水隊	呂63、呂64、呂68		
	第24航空戦隊		神威 千歳海軍航空隊、横浜海軍航空隊	五洲丸	
	第3根拠地隊			福山丸 第16航空隊 第3防備隊	
		第4砲艦隊		西京丸、江戸丸	
		第13掃海隊		高砂丸、第3玉園丸、鳥嶋丸、安宅丸	
		第55駆潜隊		第1元日丸、昭和丸、第3昭和丸、第5昭和丸	
	第4根拠地隊			高榮丸 第17航空隊 第4防備隊	
		第5砲艦隊		京城丸、静海丸、日海丸	
		第6砲艦隊	（16.12.10新編）		
		第14掃海隊		玉丸、第2玉丸、羽衣丸、第2能代丸	
		第56駆潜隊		第8玉丸、第3利丸、第5寿丸	
		第57駆潜隊		第2拓南丸、第15昭南丸、国光丸	
	第5根拠地隊			勝泳丸 第18航空隊 第5防備隊	
		第7砲艦隊		昭徳丸、弘玉丸	
		第15掃海隊		第2文丸、第3関丸	
		第59駆潜隊		第5昭南丸、第6昭南丸、昭福丸	
		第60駆潜隊		第8京丸、第10京丸、珠江丸	

	第6根拠地隊			八海山丸、光島丸、豊津丸 第19航空隊 第6防備隊 第51、52、53警備隊	
		第8砲艦隊		生田丸、長田丸、大同丸、朝海丸	
		第16掃海隊		第3玉丸、第5玉丸、第7昭南丸、第8昭南丸	
		第62駆潜隊		第6拓南丸、第7拓南丸、桂丸	
		第63駆潜隊		第3昭南丸、第3文丸、第3寿丸	
		第64駆潜隊			
		第65駆潜隊			
	附属		知床、石廊	聖川丸、松榮丸、山鳩丸、氷川丸、金剛丸、金龍丸 第4港務部 舞鶴守府第2特別陸戦隊	
第5艦隊					細萱戊子郎中将(36)
			鷲、鳩		
	第21戦隊		多摩、木曽	君川丸	第5艦隊司令長官直率
	第22戦隊			栗田丸、浅香丸	堀内茂礼少将(39)
	第7根拠地隊		父島航空隊	第7防備隊	
		第10砲艦隊		まがね丸、吉田丸	
		第17掃海隊		第5利丸、第8利丸、慶南丸、第11鶴丸	
		第66駆潜隊		文丸、第2関丸、興義丸	
	附属		尻矢	日産丸、長光丸、第2東光丸、明石山丸、快鳳丸	
第6艦隊					清水光美中将(36)
			香取(艦隊旗艦)		
	第1潜水戦隊		伊9(戦隊旗艦)	靖国丸	佐藤 勉少将(40)
		第1潜水隊	伊15、伊16、伊17		
		第2潜水隊	伊18、伊19、伊20		
		第3潜水隊	伊21、伊22、伊23		
		第4潜水隊	伊24、伊25、伊26		
	第2潜水戦隊		伊7(戦隊旗艦)、伊10、	さんとす丸	山崎重暉少将(41)
		第7潜水隊	伊1、伊2、伊3		
		第8潜水隊	伊4、伊5、伊6		
	第3潜水戦隊		伊8(戦隊旗艦)、大鯨		三輪茂義少将(39)
		第11潜水隊	伊74、伊75		
		第12潜水隊	伊68、伊69、伊70		
		第20潜水隊	伊71、伊72、伊73		
	附属		隠戸	新玉丸、日立丸、東亜丸、富士山丸	
第1航空艦隊(※2)					南雲忠一中将(36)
	第1航空戦隊		赤城、加賀		第1航空艦隊司令長官直率
		第7駆逐隊	曙、潮、漣		
	第2航空戦隊		蒼龍、飛龍		山口多聞少将(40)
		第23駆逐隊	菊月、夕月、卯月		
	第4航空戦隊		龍驤	春日丸(特設空母)	角田覚治少将(39)
		第3駆逐隊	汐風、帆風		
	第5航空戦隊		翔鶴、瑞鶴、秋雲、朧(※3)		原 忠一少将(39)
第11航空艦隊					塚原二四三中将(36)
	第21航空戦隊		鹿屋航空隊、東港航空隊	葛城丸 第1航空隊、第14航空隊	多田武雄少将(40)
	第22航空戦隊		美幌航空隊、元山航空隊	富士川丸	松永貞市少将(41)
	第23航空戦隊		高雄航空隊、台南航空隊	小牧丸 第3航空隊	竹中龍造少将(39)
	附属			りをん丸、慶洋丸、加茂川丸	
		第34駆逐隊	羽風、秋風、太刀風、夕風		
南遣艦隊					小沢治三郎中将(37)
			香椎、占守	金剛山丸、音羽丸、留萌丸	
	第9根拠地隊		初鷹	相良丸、永興丸、長沙丸 第91警備隊 第91通信隊	
		第1掃海隊	第1、2、3、4、5、6号掃海艇		
		第11駆潜隊	第7、8、9号駆潜艇		
		第91駆潜隊		第7昭南丸、第12昭南丸、長江丸	
	第11特別根拠地隊			永福丸 第81通信隊	
	附属				

支那方面艦隊						古賀峯一中将（34）
				出雲（艦隊旗艦）	牟婁丸、白沙	
		付属	上海海軍特別陸戦隊			
			上海方面根拠地隊	鳥羽、栗、蓮、栂	第1、2砲艇隊 第13、14砲艦隊 上海港務部 舟山島警備隊、南京警備隊	
	第1遣支艦隊					小松輝久中将（37）
				安宅、勢多、堅田、比良、保津、熱海、二見、伏見、隅田、宇治		
		附属	漢口方面特別根拠地隊			
					九江警備隊	
	第2遣支艦隊					新見政一中将（36）
				雷、電 南支飛行機隊	第4掃海隊	
		第15戦隊		五十鈴、嵯峨、橋立、鵯、鵲		
			第11水雷隊	雉、雁		
		厦門特別根拠地隊				
		広東特別根拠地隊				
		香港特別根拠地隊				
	第3遣支艦隊					杉山六蔵中将（38）
				磐手	首里丸 石島、芝罘、竜口、大沽、石臼所、連雲湊砲艇隊 第50掃海隊	
		青島方面特別根拠地隊				
	海南警備府					
				海南航空隊	横須賀鎮守府第4特別陸戦隊、舞鶴鎮守府第1特別陸戦隊、佐世保鎮守府第8特別陸戦隊 第15、16警備隊 海南通信隊	
			第1水雷隊	鴻、隼		
横須賀鎮守府						平田 昇中将（34）
				駒橋、夕雲、宗谷 第22、23号駆潜艇 横須賀航空隊、木更津航空隊	横須賀第1、2海兵団 横須賀海軍港務部 横須賀海軍通信隊 横須賀潜水艦基地隊	
		横須賀警備戦隊			能代丸、昌栄丸、第1号明治丸	
			横須賀警備隊			
		横須賀防備戦隊			笠置丸、金剛山丸、第25、26掃海隊	
			横須賀防備隊	猿島、浮島、初島		
		館山航空隊				
			附属	澤風		
		第11連合航空隊		霞ヶ浦航空隊、筑波航空隊、谷田部航空隊、百里原航空隊、鹿島航空隊、鈴鹿航空隊、土浦航空隊		
佐世保鎮守府						谷本馬太郎中将（35）
				能登呂、佐多、呂31 佐世保航空隊	佐世保第1、2海兵団 佐世保海軍港務部 佐世保潜水艦基地隊 佐世保海軍通信隊	
		佐世保警備戦隊			浮島丸、華山丸	
			佐世保警備隊			
		佐世保防備戦隊			富津丸、新京丸、第5信洋丸 第42、43掃海隊	
			佐世保防備隊	燕、鷗、大立		
		大島根拠地隊			河北丸 第41掃海隊 大島通信隊 大島防備隊	
呉鎮守府						豊田副武大将（33）
				勝力、樫野、伊52 呉航空隊、佐伯航空隊、岩国航空隊	呉海兵団、大竹海兵団 呉潜水艦基地隊 呉海軍港務部、徳山海軍港務部 呉海軍通信隊 呉海軍警備隊	
			第6潜水隊	呂57、呂58、呂59（練習艦）		
		呉警備戦隊			盤谷丸、西貢丸、香港丸	
		呉防備戦隊			金城山丸 第31、33掃海隊	
			第13駆逐隊	若竹、早苗、呉竹、第19、20、21号駆潜艇		
			下関防備隊			

		佐伯防備隊	夏島、那沙美、第31、46号哨戒艇、釣島、黒神、片島		
	第12連合航空隊		大分航空隊、宇佐航空隊、博多航空隊、大村航空隊		
	潜水学校付属		八雲		
	呉海兵団練習艦		浅間		
舞鶴鎮守府					小林宗之助中将（35）
			舞鶴航空隊	香取丸 舞鶴海兵団 舞鶴海軍港務部 舞鶴海軍通信隊 舞鶴海軍警備隊	
	舞鶴防備戦隊			山東丸 第35掃海隊 舞鶴防備隊	
馬公警備府					山本弘毅中将（36）
			測天、江之島、似島	千洋丸、長白山丸 第44、45、46掃海隊 馬公海軍港務部 馬公海軍通信隊 馬公防備隊	
大湊警備府					大熊政吉中将（37）
			沖風、国後、八丈、石垣、大泊 大湊航空隊	第27掃海隊（白神、葦埼、黒埼） 第2号新興丸、瑞興丸、千歳丸 大湊防備隊 大湊海軍港務部 大湊通信隊	
		第1駆逐隊	野風、沼風、波風、神風		
鎮海警備府					坂本伊久太中将（36）
			鎮海航空隊	鎮海海軍港務部 鎮海通信隊	
	鎮海防備戦隊		峯風	国徳丸 第48、49掃海隊 鎮海防備隊	
		第32駆逐隊	朝顔、芙蓉、苅萱		
	羅津根拠地隊			盛京丸、白海丸 羅津防備隊 羅津通信隊	
大阪警備府					小林　仁中将（38）
			小松島航空隊	第32掃海隊 紀伊防備隊 大坂通信隊	
旅順警備府					浮田秀彦（37）
				壽山丸 第50掃海隊 旅順海軍通信隊 旅順防備隊	
◎海軍省					
	附属		野島		
	機関学校練習艦		吾妻		
	特別役務艦		剣埼		
	第4予備駆逐艦		薄雲		
	第4予備潜水艦		伊61（沈）		
	予備潜水艦		呂30、呂31、呂32		

◆表題には12月8日としたが、一部12/10現在の史料にもとづく記述もある。
◆特設艦船によって編成された砲艦隊や、駆潜隊、掃海隊については本書で紹介する以後の編制は特設艦船部隊として隊名表示のみとし、艦船名は割愛。
※1：第1戦隊を第1艦隊から抽出して連合艦隊司令長官直率とし、連合艦隊司令長官直率であった第1艦隊には別個に第1艦隊司令部を置いた
※2：4/10付けで第1航空艦隊が新設された
※3：秋雲、朧は駆逐隊に属さず、直接第5航空戦隊に属している。

海軍兵力の総力を結集した6つの艦隊と2つの航空艦隊

昭和12（1937）年7月に起きた北支での盧溝橋事件をきっかけに日本と中華民国は交戦状態となった。日中戦争、あるいは支那事変と呼ばれる戦争である。これを欧米諸国、なかでもアメリカ合衆国は日本の侵略戦争とみなし、昭和14年に日米通商航海条約の破棄を通告。翌15年には石油および屑鉄の輸出制限、翌16年8月には石油の全面輸出禁止といった厳しい経済制裁を打ち出してきた。

こうした日米間の関係悪化を受け、日本海軍は昭和16年9月1日に、「昭和16年度帝国海軍戦時編制」を発令、平時には改装や整備の名目で3割程度だった海軍艦艇の艦隊編入率が9割以上となり、まさに臨戦体制と言えるものとなった。

これにより6つの艦隊、2つの航空艦隊、南遣艦隊、直率部隊を基本とする連合艦隊の編制が組まれた。

第1艦隊、第2艦隊は、主力艦である戦艦と重巡洋艦を中心に、駆逐艦による水雷戦隊を加えて編成された主力部隊である。両艦隊は、敵の戦艦部隊と主砲弾を撃ち合って雌雄を決する大艦巨砲主義

◀日本海軍が秘密裏に建造した戦艦「大和」は開戦直後に竣工すると第1艦隊第1戦隊に編入された（しばらくは3番艦として慣熟訓練に入る）。しかし、連合艦隊司令長官の山本五十六大将の目には魅力的な兵力とは映らず、連合艦隊旗艦として活用されることとなる。

に則り編成されている。水雷戦隊はこれを補助する勢力で、高速を生かして敵艦隊に肉薄接近し、魚雷攻撃を仕掛けて混乱させる。また、優れた秘密兵器である酸素魚雷で敵艦を漸減する働きが期待された。ちなみに、第1艦隊第9戦隊に属する軽巡「大井」「北上」は、酸素魚雷各40本、2隻計80本の射出能力をもつ重雷装艦に改装されたばかりであった。

また従来、連合艦隊司令部は第1艦隊司令部を兼務していたが、艦隊の規模が拡大し、かつ海戦という戦術単位ではなく、戦局全体に対する戦略的な指揮をする必要が浮上したため、新たに昭和16年8月11日付けで第1艦隊司令部が設置され、連合艦隊司令部は第1戦隊ほかを直率するのみとなった。

第1戦隊の戦艦「長門」「陸奥」は大正時代以来交互に連合艦隊旗艦を勤めた日本海軍の象徴であり、世界に7隻しかない40センチ砲搭載戦艦。国民からも親われた大艦巨砲主義の粋を集めた存在だったが、この「長門」「陸奥」よりも強力な大砲をもった巨艦がまもなく竣工する。46センチ主砲9門を搭載する世界西最強戦艦「大和」である。しかしその存在はほとんどの国民に知られることないまま撃沈され、終戦を迎える。「大和」が竣工し、第1戦隊に編入されるのは12月16日のことである。

こうしたなか、連合艦隊司令長官山本五十六大将は、戦艦はもはや時代遅れの兵力であると認識していた。そして、日米もし戦わば、漸減作戦に立脚した従来の艦隊決戦ではなく、機先を制して航空機により敵艦隊や敵基地を攻撃するという作戦を早くからもくろんでいた。

その実現のために昭和16年4月10日に編成されたのが航空母艦を集中させた「第1航空艦隊」である。なかでも「第1航空戦隊」と「第2航空戦隊」所属の空母「赤城」「加賀」「蒼龍」「飛龍」の4隻には、敵艦隊基地のあるハワイのオアフ島に見立てた鹿児島湾で航空魚雷の発射訓練を連日行ない、錬度の高まった搭乗員たちが大勢揃っていた。

しかし、こうした山本長官の考えは、上部組織である軍令部の理解するところとならなかった。航空母艦は、あくまでも主力部隊の前衛であって、航空機による攻撃は漸減作戦の一環という考えである。なお、「第11航空艦隊」は艦のいない艦隊で、陸上航空隊を編成した部隊である。

「第5航空戦隊」は、新鋭の空母「翔鶴」が竣工した9月1日に新たに編成された。9月25日には姉妹艦「瑞鶴」も編入され、戦隊としての戦力が整った。「翔鶴」型空母は「蒼龍」「飛龍」の拡大版で、これまでに日本海軍が培ってきた航空母艦の建艦技術のすべてを注ぎこみ、空母の決定版として設計・建造されたもの。一説には、この「翔鶴」型2隻の完成の目途がたったことで、海軍も開戦を決意した、ともいわれている。

ただし、両艦とも竣工が開戦間近となったため、戦地帰りや教官・教員を勤めていた搭乗員たちを基幹に急ぎ飛行機隊を編成したものの、その錬度は十分とはいえないというのが現状であった。ハワイ作戦参加のために単冠湾に集結した日付が11月15日と2ヶ月前後しかないので、それも無理からぬことであった。

以上の「第1艦隊」「第2艦隊」「第1航空艦隊」および直率部隊が、連合艦隊のおもなる戦力である。これら以外の「第3艦隊」から「第6艦隊」までには、主力艦はほとんど配属されておらず、旧式艦や小型艦艇、特設艦艇により構成された部隊だった。とはいえ、外戦部隊の戦力としては強力なほうといえた。

このうち「第3艦隊」は華中方面担当部隊で、要地攻略などを主務とし、「第4艦隊」はパラオ、トラック、サイパン、マーシャル諸島など中部太平洋方面の防衛を司り、周辺島嶼の攻略部隊としても見込まれていた。「第5艦隊」は本土東方海面を担当し、北は千島列島、南は小笠原諸島方面までの防衛部隊である。

「第6艦隊」は3つの潜水戦隊により編成された潜水艦隊である。「第6艦隊」の潜水艦は、開戦にあたってはハワイや北米太平洋沿岸へ進出して、敵艦隊の動向を探ったり、魚雷攻撃を加えたりする特殊な任務を負っていた。

「南遣艦隊」は昭和16年7月31日付けで大本営直轄部隊として編成された仏印方面の警備部隊で、10月21日付けで連合艦隊へ編入されたもの。

ここまでが連合艦隊の兵力で、これとは別に、中国大陸方面には「支那方面艦隊」があり、各鎮守府・警備府についてはは「内戦部隊」とくくられて港湾警備や沿岸防衛のための艦艇が属していた。

こうした艦隊編制で、日本は昭和16年12月8日の開戦へと突き進んでいくことになる。

（畑中）

012 開戦時の機動部隊と先遣部隊

■ハワイ作戦における「機動部隊」の軍隊区分

軍隊区分		艦隊編制上の所属			兵力	
機動部隊		第1航空艦隊				司令長官：南雲忠一中将
			第1航空戦隊		空母：赤城、加賀	
			第2航空戦隊		空母：蒼龍、飛龍	司令官：山口多聞少将
			第5航空戦隊		空母：瑞鶴、翔鶴、駆逐艦：秋雲	司令官：原忠一少将
		第1艦隊	第3戦隊		戦艦：比叡、霧島（※1）	司令官：三川軍一中将
		第2艦隊	第8戦隊		重巡洋艦：利根、筑摩	
		第1艦隊	第1水雷戦隊		軽巡洋艦：阿武隈	司令官：大森仙太郎少将
				第17駆逐隊	駆逐艦：谷風、浦風、浜風、磯風	
		第2艦隊	第2水雷戦隊	第18駆逐隊（※2）	駆逐艦：陽炎、不知火、霞、霰	
		第6艦隊	第1潜水戦隊	第1潜水隊	潜水艦：伊19（※3）	司令：佐藤勉少将
				第3潜水隊	潜水艦：伊21、伊23（※3）	
	第一補給隊	聯合艦隊附属			油槽船：極東丸、健洋丸、国洋丸、神国丸	司令：大藤正直大佐
	第二補給隊				油槽船：東邦丸、東栄丸、日本丸	

◆機動部隊は第1航空艦隊の3つの航空戦隊を基幹に第1艦隊第3戦隊の一部や第8戦隊、第1水雷戦隊と第2水雷お戦隊の一部で構成されていた。
※1：この2隻は第3戦隊第2小隊で、第1小隊の金剛、榛名は「南方部隊本隊」に部署されていた。
※2：第1水雷戦隊の旗艦阿武隈がいるからか、第18駆逐隊を第1水雷戦隊と誤っている文献が多いので注意。第18駆逐隊は第2水雷戦隊の所属。
※3：この3隻の潜水艦は機動部隊の前程に配置されて哨戒を担当するもの。

鮮烈なデビューを飾った「機動部隊」は寄せ集め集団？

真珠湾攻撃を取り扱った本は数あるが、ハワイ作戦に参加した部隊の名前は「南雲機動部隊」や「第1航空艦隊」などと記述されていて、一定ではないというのが実状だ。

しかし、その構成を見てみると、確かに第1航空艦隊の編制にある第1航空戦隊や第2航空戦隊、第5航空戦隊は参加しているが第4航空戦隊はおらず、第1航空艦隊以外の水上艦艇、潜水艦の名も見受けられる。これを第1航空艦隊と称していいものだろうか？

じつはこのハワイ作戦部隊は、「艦隊編制」を基にして、「軍隊区分」あるいは「兵力部署」と呼ばれる日本海軍の仕組みによって臨時に編成されたものであり、その正式な名前は「機動部隊」である。ただ単に「機動部隊」と称することにいささか抵抗を感じないでもないが、その4文字が正式名なのである。たびたび見受けられる「南雲機動部隊」という呼称は便宜上、指揮官の名を付けたものだが、正式な部隊名ではないので注意が必要だ。

この軍隊区分や兵力部署というのは艦隊をまたにかけて適用されるのが当たり前なのだが、ことにこの時の「機動部隊」に部署されている艦艇の艦隊編制上の所属を見てみると、戦艦は第1艦隊第3戦隊から、重巡は第2艦隊第8戦隊から、また水雷戦隊は第1水雷戦隊の一部と第2水雷戦隊に所属する駆逐隊からと少しずつ兵力を抽出して、かろうじて形をな

▶昭和16年11月、ハワイ作戦を目前にしてひっそりと択捉島単冠湾に集結した「機動部隊」。それは軍隊区分により各艦隊から抽出された兵力で臨時に編成されたものだった。

していることが読み取れる（参加駆逐隊がすべて第1水雷戦隊であるかのように記述する文献があるが、これは誤り）。

現在では結果的に大成功となったことが知られているハワイ真珠湾攻撃は、じつは実施前には海軍軍令部からは「非常に投機的要素の高い作戦であり、航空母艦が1隻でも失なわれれば今後の戦争遂行にも大きく影響を与えうる」と考えられていた。母艦航空兵力を集中投下して、緒戦でアメリカ太平洋艦隊を叩きつぶすという考えはまた、日本海軍が長年培ってきた漸減作戦とは根本的に異なる性質の作戦でもあった。

そうした背景もあって、「機動部隊」の編成は、南方資源地帯を攻略するための「比島部隊」や「馬来部隊」に比べれば優先順位が低いものと考えられていた。空母以外の随伴艦艇を見ても、かなりの軽編成である。

ところが、「機動部隊」による真珠湾攻撃で空前絶後の実績を見せつけたことにより、連合艦隊司令部は気を大きくし、12月26日、ラバウル攻略作戦への協力を発令。これにより昭和17年1月16日の「機密機動部隊命令作第19号」と「同20号」で定められたのが下に掲げたR攻略支援時の軍隊区分である。

この時は第1航空戦隊と第5航空戦隊が基幹となって、"いつもの"直掩艦艇を従えたかたちとなっていた（第2航空戦隊はハワイからの帰路にウェーク島攻略支援に分派されてから内地へ帰着したため参加せず）。

こうした「機動部隊」の寄せ集め編成状態は、艦隊編制上の上部組織に気を使いつつ運用される窮屈なものであったといえる。その状態はしばらく続き、やがて現場では処理しきれない様々な問題点が浮上してくるのである。

（吉野）

■開戦時の第6艦隊「先遣部隊」の軍隊区分

軍隊区分		艦隊編制上の所属			兵力
先遣部隊	第1潜水部隊	第6艦隊	第1潜水戦隊		伊9
				第2潜水隊	伊15、伊17
				第4潜水隊	伊25
	第2潜水部隊		第2潜水戦隊		伊7
				第7潜水隊	伊1、伊2、伊3
				第8潜水隊	伊4、伊5、伊6
	第3潜水部隊		第3潜水戦隊		伊8
				第11潜水隊	伊74、伊75
				第12潜水隊	伊68、伊69、伊71、伊72
	特別攻撃隊		第1潜水戦隊	第1潜水隊	伊16、伊18、伊20
				第3潜水隊	伊22、伊24
		聯合艦隊	附属		甲標的5隻（千代田所属）
	要地偵察隊	第6艦隊	第2潜水戦隊		伊10
			第1潜水戦隊	第4潜水隊	伊26
	補給部隊				

◆参考までに開戦時の「先遣部隊」（第6艦隊の軍隊区分上の呼称）の軍隊区分を掲載する。これらはすべてハワイ作戦に参加した潜水艦部隊である。

■R（ラバウル）攻略支援時の「機動部隊」の軍隊区分

第1兵力部署

軍隊区分		指揮官		艦隊編制上の所属			艦艇名	主要任務
空襲部隊		第1航空艦隊司令長官（南雲忠一中将）		第1航空艦隊	第1航空戦隊		赤城、加賀	敵航空兵力、艦艇攻撃
					第5航空戦隊		瑞鶴、翔鶴	
支援部隊			第3戦隊司令官（三川軍一中将）	第1艦隊	第3戦隊		比叡、霧島	主隊掩護、敵艦艇攻撃
				第2艦隊	第8戦隊		利根、筑摩	
警戒隊			第1水雷戦隊司令官（大森仙太郎少将）	第1艦隊	第1水雷戦隊		阿武隈	警戒、敵艦艇攻撃
						第17駆逐隊	谷風、浦風、浜風、磯風	
				第2艦隊	第2水雷戦隊	第18駆逐隊	陽炎、不知火、霞、霰	
				第1航空艦隊	第5航空戦隊		秋雲	
補給部隊	第一補給隊		旭東丸特務艦長	聯合艦隊附属			旭東丸、神国丸	補給
	第二補給隊						日朗丸、第2共栄丸、豊光丸	

第2兵力部署（上記兵力から下記を抽出編成）

軍隊区分	指揮官		艦隊編制上の所属			艦艇名	
特別空襲部隊		第5航空戦隊司令官（原忠一少将）	第1航空艦隊	第5航空戦隊		瑞鶴、翔鶴、秋雲	敵航空兵力攻撃
			第2艦隊	第8戦隊		筑摩	
			第2艦隊	第2水雷戦隊	第18駆逐隊	陽炎、不知火、霞	

013 南方作戦部隊の陣容

■西貢協定に見る「馬来部隊」の軍隊区分

第1兵力部署（甲）

区分			指揮官名			艦隊編制上の所属		兵力
馬来部隊	主隊		南遣艦隊司令長官			第4戦隊		鳥海
						第3水雷戦隊	第20駆逐隊	狭霧
	護衛隊	本隊		第7戦隊司令官		第7戦隊		最上、三隈、鈴谷、熊野
						第3水雷戦隊		駆逐艦3隻
		第1護衛隊			第3水雷戦隊司令官	第3水雷戦隊		川内
								駆逐艦10隻
						第9特別根拠地隊	第1掃海隊	第1、2、3、4、5、6号掃海艇
							第11駆潜隊	第7、8、9号駆潜艇
		第2護衛隊			香椎艦長	南遣艦隊		香椎、占守
	第1航空部隊			第22航空戦隊司令官		第22航空戦隊		元山航空隊、美幌航空隊
						第23航空戦隊派遣兵力		台南空、3空からの艦戦39、陸偵6
	第2航空部隊			第12航空戦隊司令官		第12航空戦隊		神川丸、山陽丸
						第9特別根拠地隊		相良丸
	根拠地部隊			第9特別根拠地隊司令官		第9特別根拠地隊		
	潜水部隊			第4潜水戦隊司令官		第4潜水戦隊		鬼怒
							第18潜水隊	伊53、伊54、伊55
							第19潜水隊	伊56、伊57、伊58
							第21潜水隊	呂33、呂34
						第6潜水戦隊		長鯨
							第9潜水隊	伊123、伊124
							第13潜水隊	伊121、伊122
	機雷部隊			先任艦長		第17戦隊		辰宮丸（第2小隊）
						第9特別根拠地隊		長沙丸
	カムラン湾基地部隊			第11特別根拠地隊司令官	永福丸艦長	第11特別根拠地隊		永福丸
								第11特別根拠地隊の一部、漁船4隻
	西貢基地部隊				第81警備隊司令			第11特別根拠地隊の一部、漁船8隻
	通信部隊			第81通信隊司令				第81通信隊
	附属部隊							朝日、室戸
								補給艦船
								ボルネオ基地部隊（特別陸戦隊1個大隊、第4設営隊）
								特別気象班

◆開戦直前の昭和16年11月18日に陸軍第25軍司令官、第15軍司令官、第3飛行団長と南遣艦隊艦隊司令長官、第22航空戦隊司令官との間で取り交わされたのが西貢協定であり、そこで定められた「馬来部隊」の「軍隊区分」が上掲の表である。
※第1航空部隊には開戦までに第21航空戦隊の鹿屋航空隊の半隊が加わり、美幌航空隊とともにツドウム飛行場に集結。

▶高雄型重巡「鳥海」。馬来部隊の旗艦として「第4戦隊」から部署された。

南方作戦と「馬来部隊」

■「馬来部隊」の編制

太平洋戦争開戦当初、最も重要視されたのが資源地帯を確保する南方作戦であった。このための兵力として部署されたのが、近藤信竹中将を司令長官とし、「本隊」「比島部隊」「馬来部隊」「航空部隊」「潜水部隊」などからなる「南方部隊」であった（下表参照）。

このうち、マレー攻略作戦を担当するのが「馬来部隊」だ。指揮官である南遣艦隊司令長官の小澤治三郎中将は昭和16（1941）年11月20日、「機密馬来部隊命令作第一号」を発令、出現が予想される敵艦艇に対して、水上部隊や航空部隊によってこれを封じると命じられた。

小澤司令長官直率の「馬来部隊主隊」は全作戦支援を主要任務として「鳥海」と「狭霧」で構成。陸軍上陸部隊の船団護衛隊は3隊から成り、「護衛隊本隊」は敵海上兵力と輸送船隊の護衛、「第1護衛隊」が第25軍先遣兵団第1次上陸部隊の直接護衛と敵海上兵力の撃滅、「第2護衛隊」が第15軍の一部を直接護衛することにあった。その兵力は左の表の通りである。組織だった海上護衛部隊を持たないこの時期、船団護衛は作戦をともにする軍艦が担っていたのである。

このほかに「機雷部隊」「サイゴン基地部隊」「カムラン湾基地部隊」「第一および第二航空部隊」などがあり、11月28日には「南方部隊潜水部隊」に部署されていた第5潜水戦隊も「馬来部隊」に編入。ここにある航空部隊が12月10日のマレー沖海戦でイギリス戦艦を撃沈する。

■あいつぐ兵力部署の変更

開戦後、南方各地の作戦は順調に進捗し、マレー作戦では過度の進展が危惧されるほどであった。12月23日、小澤司令長官はクワンタンとシンゴラ上陸作戦に対応するため、馬来部隊第二期兵力部署を下命。「主隊」「本隊」の陣容は変わらず、本隊の主要任務が第1、第2護衛隊支援に変更された。「第1護衛隊」は駆逐隊や掃海艇、駆潜艇の数を減じた。その任務はQ作戦の実施（イギリス軍陣地への敵前上陸だが中止）、「第2護衛隊」は第5水雷戦隊（「名取」、駆逐艦7隻）と駆逐隊が増加され、第15軍および第25軍の船団を護衛することとなった。

潜水部隊は当初の任務だった機雷敷設や偵察を通商破壊に変更、機雷部隊は機雷敷設からカムラン湾防備へと、戦況を反映した任務が与えられた。

第二期作戦が大過なく進展すると小澤司令長官は昭和17年1月10日、S作戦（イギリス軍基地への敵前上陸）とアナンバス基地占領（作成地域に近いイギリス軍基地の攻略、成功）のため、再び兵力部署変更を命じた。

大きな変更点は護衛隊が「本隊」と「第1護衛隊」のみとなったこと。本隊の兵力に大きな変更はなく、艦艇攻撃と攻略作戦支援を主要任務とした。第1護衛隊は駆逐隊、駆潜隊、掃海隊などが増強され、S作戦の実施とアナンバス基地部隊支援が任務となった。アナンバス基地部隊とは追加された部隊で、第9根拠地隊を基幹にアナンバス基地の占領や水上基地設営を行うこととなっていた。

航空部隊は第1、第2航空部隊に第4航空戦隊「龍驤」が基幹の第3航空部隊で、アナンバス基地警戒を担った。

S作戦の中止などはあったが作戦は大過なく進行し、1月24日には連合艦隊より第三期作戦への兵力部署の転換が命じられた。「馬来部隊」は第4潜水戦隊を南方部隊へ編入することであったが、作戦行動中であったためしばらくはそのままであった。主目的となるスマトラ島攻略も成功し、「馬来部隊」は大きな損害を出すことなくマレー攻略を終えた。

その後、「馬来部隊」は4月に行なわれたインド洋作戦に参加。ベンガル湾機動作戦（通商破壊戦）に北方隊「熊野」「鈴谷」「白雲」と中央隊「鳥海」「由良」「龍驤」「夕霧」「朝霧」、南方隊「三隈」「最上」「天霧」が参加して商船21隻を撃沈した。これを最後に馬来部隊の行動は終わる。

それは最後の花道と呼ぶにふさわしい活躍であった。

（松田）

■海軍「南方部隊」の軍隊区分と艦艇

南方部隊指揮官　海軍中将　近藤信竹	作戦方面	部隊名（軍隊区分）		指揮官名		兵力	
	比島方面及び南支那海	南方部隊本隊	主隊	直率		第4戦隊	高雄、愛宕
						第3戦隊	金剛
							駆逐艦6隻
			東方支援隊		榛名艦長	第3戦隊	榛名
						第4戦隊	摩耶
							駆逐艦?隻
	比島次いで蘭印	比島部隊		第3艦隊司令長官		第3艦隊の大部	
						第5戦隊	那智、羽黒、妙高
						第2水雷戦隊	
						第4水雷戦隊	
						第4航空戦隊	龍驤（艦戦12、艦攻18）
						第11航空戦隊	
							特別陸戦隊4大隊基幹兵力
	仏印南部及び馬来方面	馬来部隊		南遣艦隊司令長官		（略）	
	比島・蘭印ボルネオ方面	航空部隊		第11航空艦隊司令長官（塚原二四三中将）		第21航空戦隊	鹿屋空、東港空、1空、14空
						第22航空戦隊	元山空、美幌空
						第23航空戦隊	高雄空、台南空、3空
	比島及び蘭印方面	潜水部隊		第5潜水戦隊司令官（醍醐忠重少将）		第5潜水戦隊	
						第6潜水戦隊	
		附属部隊		直率			特務艦、運送船約30隻

02. 昭和17年4月10日の艦隊編制

021 第1段作戦終了時の連合艦隊の陣容

〈艦隊〉	〈戦隊〉	〈隊〉	〈艦艇・航空隊〉	〈特設艦艇・特設航空隊・陸上部隊〉	〈指揮官〉
連合艦隊					山本五十六大将（32）
直率	第1戦隊		大和、長門、陸奥		連合艦隊司令長官直率
	第24戦隊			報国丸、愛国丸、清澄丸	武田盛治少将（38）
	第4潜水戦隊		鬼怒	名古屋丸	吉富説三少将(39)
		第18潜水隊	伊53、伊54、伊55		
		第19潜水隊	伊56、伊57、伊58		
	第5潜水戦隊		由良	りおでじゃねろ丸	醍醐忠重少将（40）
		第28潜水隊	伊59、伊60		
		第29潜水隊	伊62、伊64		
		第30潜水隊	伊65、伊66		
	第11航空戦隊		瑞穂、千歳		藤田類太郎少将（38）
	第1連合通信隊		東京海軍通信隊、高雄海軍通信隊、父島海軍通信隊	沖縄通信隊、第3、4、5、6通信隊	
	附属		千代田、矢風、摂津、明石、朝日、室戸、尻矢、鶴見、伊良湖、間宮	朝日丸、高砂丸 横須賀鎮守府第1、2、3特別陸戦隊、呉鎮守府第1、2特別陸戦隊	
		佐世保連合特別陸戦隊		佐世保鎮守府第1、2特別陸戦隊	
第1艦隊					高須四郎中将（35）
	第2戦隊		伊勢、日向、扶桑、山城		第1艦隊司令長官直率
	第3戦隊		金剛、榛名、霧島、比叡		三川軍一中将（38）
	第6戦隊		青葉、衣笠、加古、古鷹		五藤存知少将（38）
	第9戦隊		北上、大井		岸　福治少将（40）
	第1水雷戦隊		阿武隈		大森仙太郎少将（41）
		第6駆逐隊	雷、電、響、暁		
		第21駆逐隊	初春、子ノ日、初霜、若葉		
		第24駆逐隊	海風、山風、江風、涼風		
		第27駆逐隊	有明、夕暮、時雨、白露		
	第3水雷戦隊		川内		橋本信太郎少将（41）
		第11駆逐隊	吹雪、初雪、白雪、叢雲（※1）		
		第19駆逐隊	磯波、浦波、敷波、綾波		
		第20駆逐隊	天霧、朝霧、夕霧、白雲（※1）		
	第3航空戦隊		鳳翔、瑞鳳、三日月、夕風		桑原虎雄少将（37）
	附属			神祥丸	
第2艦隊					近藤信竹中将（35）
	第4戦隊		高雄、愛宕、摩耶、鳥海		第2艦隊司令長官直率
	第5戦隊		那智、羽黒、妙高		高木武雄少将（39）
	第7戦隊		最上、三隈、鈴谷、熊野		栗田健男少将（38）
	第8戦隊		利根、筑摩		阿部弘毅少将（39）
	第2水雷戦隊		神通		田中頼三少将（41）
		第15駆逐隊	黒潮、親潮、早潮、夏潮		
		第16駆逐隊	初風、雪風、時津風、天津風		
		第18駆逐隊	霞、朧、陽炎、不知火		
	第4水雷戦隊		那珂		西村祥治少将（39）
		第2駆逐隊	村雨、五月雨、春雨、夕立		
		第4駆逐隊	野分、嵐、萩風、舞風		
		第8駆逐隊	荒潮、満潮、朝潮、大潮		
		第9駆逐隊	朝雲、峯雲、夏雲、山雲		
	附属		襟裳	神風丸	

艦隊	戦隊	隊	艦艇	付属・その他	指揮官
第4艦隊					井上成美中将（37期）
			鹿島		
	第18戦隊		天龍、龍田		丸茂邦則少将（40期）
	第19戦隊		沖島、常磐、津軽		志摩清英少将（39期）
	第6水雷戦隊		夕張		梶岡定道少将（39期）
		第23駆逐隊	菊月、夕月、卯月		
		第29駆逐隊	追風、朝凪、夕凪		
		第30駆逐隊	睦月、弥生、望月		
	第7潜水戦隊		迅鯨		大西新蔵少将（42期）
		第21潜水隊	呂33、呂34		
		第26潜水隊	呂61、呂62、呂65、呂67		
		第33潜水隊	呂63、呂64、呂68		
	第3特別根拠地隊 〔パラオ〕			西京丸、江戸丸、福山丸 第13掃海隊 第55駆潜隊	
	第4根拠地隊 〔トラック〕			高榮丸、第2号長安丸、第2号長江丸 第14掃海隊 第57、58駆潜隊 第41、42警備隊 第17航空隊	
	第5特別根拠地隊 〔サイパン〕			弘玉丸、昭徳丸、勝泳丸 第59、60駆潜隊 第54警備隊	
	第6根拠地隊 〔クェゼリン〕			八海山丸、光島丸 第8砲艦隊 第16掃海隊 第62、63、65駆潜隊 第61、62、63、64、65警備隊 第19航空隊 第6潜水艦基地隊	
	第8根拠地隊 〔ラバウル〕		第20号掃海艇	第5砲艦隊 第56駆潜隊 第81、82警備隊 第8通信隊 第8潜水艦基地隊	
	第2海上護衛隊			能代丸、長雲丸、金城山丸	
	附属		宗谷	聖川丸、松榮丸、金龍丸、氷川丸、神川丸 第4港務部 第4測量隊 呉鎮守府第3特別陸戦隊	
第5艦隊					細萱戊子郎中将(36)
	第21戦隊		多摩、木曽		第5艦隊司令長官直率
	第22戦隊			粟田丸、赤城丸、浅香丸	堀内茂礼少将（39）
	第7根拠地隊		父島航空隊	吉田丸、まがね丸 第17掃海隊 第66駆潜隊 第7防備隊	
	附属		帆風、汐風	君川丸、興和丸、第2日の丸、第10福栄丸、神津丸、第1運洋丸 第1、2、3監視艇隊	
第6艦隊					清水光美中将（36）
			香取		
	第1潜水戦隊		伊9、伊32（※2）	平安丸	佐藤 勉少将（40）
		第2潜水隊	伊15、伊17、伊19		
		第4潜水隊	伊23（※3）、伊25、伊26		
	第2潜水戦隊		伊7	さんとす丸	山崎重暉少将（41）
		第7潜水隊	伊1、伊2、伊3		
		第8潜水隊	伊4、伊5、伊6		
	第3潜水戦隊		伊8	靖国丸	三輪茂義少将（39）
		第1潜水隊	伊74、伊75		
		第12潜水隊	伊68、伊69、伊70、伊72		
		第20潜水隊	伊71、伊72、伊73		
	第8潜水戦隊		伊10	日枝丸	
		第1潜水隊	伊16、伊18、伊20		
		第3潜水隊	伊21、伊22、伊23		
		第14潜水隊	伊27、伊28、伊29、伊30		
	附属	第13潜水隊	伊121、伊122、伊123		
			穏戸	新玉丸、富士山丸	

第1航空艦隊						南雲忠一中将（36）
		第1航空戦隊		赤城、加賀		第1航空艦隊司令長官直率
		第2航空戦隊		蒼龍、飛龍		山口多聞少将（40）
		第4航空戦隊		龍驤、祥鳳		角田覚治少将（39）
		第5航空戦隊		翔鶴、瑞鶴		原　忠一少将（39）
		第10戦隊		長良		
			第7駆逐隊	曙、潮、漣		
			第10駆逐隊	秋雲、夕雲、巻雲、朝雲		
			第17駆逐隊	谷風、浦風、浜風、磯風		
第11航空艦隊						塚原二四三中将（36）
		第21航空戦隊		鹿屋航空隊、東港航空隊	葛城丸	多田武雄少将（40）
		第22航空戦隊		美幌航空隊、元山航空隊	富士川丸	松永貞市少将（41）
		第23航空戦隊		高雄航空隊	第3航空隊 小牧丸	竹中龍造少将（39）
		第24航空戦隊		千歳航空隊 神威	第1航空隊、第14航空隊 五州丸	
		第25航空戦隊		横浜航空隊、台南航空隊	第4航空隊 最上川丸	
		第26航空戦隊		三沢航空隊、木更津航空隊	第6航空隊	
		附属			りをん丸、慶洋丸、名古屋丸	
			第34駆逐隊	羽風、秋風、太刀風、夕風		
南西方面艦隊						小沢治三郎中将（37）
	第1南遣艦隊			香椎、占守		
		第9根拠地隊		初雁	永興丸 第91駆潜隊 第11潜水艦基地隊	
		第10特別根拠地隊		第7掃海隊 第11駆潜隊	長沙丸 第1警備隊 第10通信隊 第10港務部	
		第11特別根拠地隊			永福丸 第81通信隊	
		第12特別根拠地隊		雁	江祥丸 第41掃海隊 第12通信隊	
		附属		勝力	相良丸 第3測量隊 第40航空隊	
			第5駆逐隊	春風、旗風、朝風、松風		
	第2南遣艦隊					
				足柄、厳島		
		第16戦隊		名取、鬼怒、五十鈴		
		第21特別根拠地隊		白鷹、第8、11、12掃海艇	辰宮丸、いくしま丸 第33航空隊 第21通信隊 第21潜水艦基地隊 第1港務部	
			第1駆潜隊	第1、2、3号駆潜艇		
			第2駆逐隊	第13、14、15号駆潜艇		
		第22特別根拠地隊		若鷹、第15、16掃海艇	第21駆潜隊 辰春丸、射水丸 第2警備隊 第2港務部	
			第21駆潜隊	第16、17、18号駆潜艇		
		第23特別根拠地隊		蒼鷹、千鳥、真鶴	第12、54駆潜隊 新興丸 第3警備隊 第35航空隊	
		第24特別根拠地隊		初雁、友鶴	西安丸 第52駆潜隊 第24通信隊 第4警備隊	
		附属		筑紫	山陽丸、山彦丸 第2砲艦隊	
	第3南遣艦隊					
				球磨、八重山		
		第31特別根拠地隊		第17、18号掃海艇	第3砲艦隊 第53駆潜隊 第31航空隊 第31通信隊	
			第31駆潜隊	第4、5、6、10、11、12号駆潜艇		
		第32特別根拠地隊			武昌丸、慶興丸 第51駆潜隊 第32航空隊	
		附属			讃岐丸、日祐丸、第36共同丸	

第3南遣艦隊		第1海上護衛隊		鵟、隼	浮島丸、華山丸、唐山丸、北京丸、長壽山丸、でりい丸	井上保雄中将
			第13駆逐隊	若竹、呉竹、早苗		
			第22駆逐隊	文月、皐月、長月、水無月		
			第32駆逐隊	朝顔、芙蓉、刈萱		
支那方面艦隊						古賀峯一中将（34）
	附属			出雲、多々良 支那方面艦隊附属飛行機隊	白沙、牟婁丸 上海海軍特別陸戦隊	
		上海方面根拠地隊		鳥羽、栗、蓮、栂	第1、2砲艇隊 第13、14砲艦隊 上海港務部 舟山島警備隊、南京警備隊	
		青島方面特別根拠地隊（※4）		雉	日本海丸、首里丸	
	第1遣支艦隊					牧田覚三郎中将
				宇治、安宅、勢多、堅田、比良、保津、熱海、二見、伏見、隅田		
		附属			漢口警備隊、九江警備隊	
	第2遣支艦隊					新見政一中将（36）
				嵯峨、橋立、鵯、鵲	厦門警備隊	
		香港方面特別根拠地隊				
	海南警備府（※5）					砂川兼雄中将
				鴻	第1水雷隊 横須賀鎮守府第4特別陸戦隊、舞鶴鎮守府第1特別陸戦隊、佐世保鎮守府第8特別陸戦隊 第15、16警備隊 横須賀海軍警備隊 海南通信隊	
横須賀鎮守府						平田 昇中将（34）
				駒橋、第22、23号駆潜艇 横須賀航空隊、木更津航空隊	横須賀第1、2海兵団 横須賀海軍港務部 横須賀海軍通信隊 横須賀潜水艦基地隊	
		横須賀警備戦隊			能代丸、昌栄丸、第1号明治丸	
		横須賀防備戦隊			笠置丸、金剛山丸、第25、26掃海隊	
			横須賀防備隊	猿島、浮島、初島		
		館山航空隊				
			附属	澤風		
		第11連合航空隊		霞ヶ浦航空隊、筑波航空隊、谷田部航空隊、百里原航空隊、鹿島航空隊、鈴鹿航空隊、土浦航空隊		
佐世保鎮守府						谷本馬太郎中将（35）
				能登呂、佐多、呂31 佐世保航空隊	佐世保第1、2海兵団 佐世保海軍港務部 佐世保潜水艦基地隊 佐世保海軍警備隊 佐世保海軍通信隊	
			佐世保防備隊	燕、鷗、大立		
		佐世保海軍警備戦隊			富津丸、新京丸、第5信洋丸 第42、43掃海隊	
		佐世保警備戦隊				
		佐世保防備戦隊				
		大島根拠地隊			河北丸 第41掃海隊 大島通信隊 大島防備隊	
呉鎮守府						豊田副武大将（33）
				勝力、樫野、伊52 呉航空隊、佐伯航空隊、岩国航空隊	春日丸（※6） 呉海兵団、大竹海兵団 呉潜水艦基地隊 呉海軍港務部、徳山海軍港務部 呉海軍通信隊 呉海軍警備隊	
			第6潜水隊	呂57、呂58、呂59（練習艦）		
		呉警備戦隊			盤谷丸、西貢丸、香港丸	
		呉防備戦隊			金城山丸 第31、33掃海隊	
			第13駆逐隊	若竹、早苗、呉竹、第19、20、21号駆潜艇		
			下関防備隊			
			佐伯防備隊	夏島、那沙美、第31、46号哨戒艇、釣島、黒神、片島		
		第12連合航空隊		大分航空隊、宇佐航空隊、博多航空隊、大村航空隊		
		潜水学校付属		八雲		
		呉海兵団練習艦		浅間		

舞鶴					小林宗之助中将（35）
鎮守府			舞鶴航空隊	香取丸 舞鶴海兵団 舞鶴海軍港務部 舞鶴海軍通信隊 舞鶴海軍警備隊	
	舞鶴防備戦隊			山東丸 第35掃海隊 舞鶴防備隊	
馬公					山本弘毅中将（36）
警備府			測天、江之島、似島	千洋丸、長白山丸 第44、45、46掃海隊 馬公海軍港務部 馬公海軍通信隊 馬公防備隊	
大湊					大熊政吉中将（37）
警備府			沖風、国後、八丈、石垣、大泊 大湊航空隊	第27掃海隊（白神、葦埼、黒埼） 第2号新興丸、瑞興丸、千歳丸 大湊防備隊 大湊海軍港務部 大湊通信隊	
		第1駆逐隊	野風、沼風、波風、神風		
鎮海					坂本伊久太中将（36）
警備府			鎮海航空隊	鎮海海軍港務部 鎮海通信隊	
	鎮海防備戦隊		峯風	国徳丸 第48、49掃海隊 鎮海防備隊	
		第32駆逐隊	朝顔、芙蓉、苅萱		
	羅津根拠地隊			盛京丸、白海丸 羅津防備隊 羅津通信隊	
大阪					小林　仁中将（38）
警備府			小松島航空隊	第32掃海隊 紀伊防備隊 大坂通信隊	
旅順					浮田秀彦（37）
警備府				壽山丸 第50掃海隊 旅順海軍通信隊 旅順防備隊	
海軍省					
	附属		野島		
	機関学校練習艦		吾妻		
	予備潜水艦		呂30、呂31、呂32		

※1：それぞれ3/10付け第12駆逐隊解隊により編入
※2：伊32は4/26第1潜水戦隊に編入
※3：伊23はこの時点で既に戦没しており、この4/10付けで編成から削除される
※4：4/10付けで第3遣支艦隊が解隊され、その地上部隊を基幹として青島方面特別根拠地隊が編成された
※5：海南警備府は4/10付けで新設された組織で、海南島の防衛や資源開発を行なうためのもの。他の警備府とは性質が異なる
※6：春日丸（のちの大鷹）は12/22に連合艦隊附属に、12/31に呉鎮守府附属となった

第2段作戦～米豪分断構想と敵機動部隊撃滅の機運～

昭和16（1941）年12月8日に真珠湾攻撃、マレー方面攻略、並びにフィリピン航空攻撃で幕を開けた太平洋戦争は短期間で日本側が所期の目的を達し、フィリピン攻略ののち昭和17年3月9日には蘭印もその手中に収めた。

これまでの予想以上の快進撃に大本営は、確保した資源地帯の防衛強化を図るとともに、アメリカとオーストラリアを分断してそれを確実なものにすることが重要と判断した。

これに対し、連合艦隊司令部ではハワイ攻略による戦争の早期終結という考えを持っており、ミッドウェーの攻略により敵空母部隊を誘出してこれを撃滅しておけばハワイ攻略も容易になる、との考えを持っていた。

このため米豪分断のためフィジー及びサモアを攻略しようとする軍令部と真っ向から対立することとなるのだが、結局、維持の難しいサモアは攻略したのち敵の施設を破壊して撤退し、フィジー諸島は確保する、ということでミッドウェー作戦の了承を取り、あわせてアリューシャン攻略を実施して北側からのアメリカの侵攻を牽制することとなった。

その順番は5月にポートモレスビー攻略の「MO作戦」、6月にミッドウェー攻略の「MI作戦」、7月にフィジー及びサモア攻略作戦の「FS作戦」と決められた。ポートモレスビーはニューギニア南東端に位置する古くからの良港で、連合軍の反攻拠点と目されていたところだ。

昭和17年4月10日付けで実施された艦隊戦時編制の改定はちょうどこの第2段作戦に切り替わった際のものである。

連合艦隊司令長官直率の第1戦隊には戦艦「大和」が加わり山本五十六大将の将旗を掲げている。

「第1艦隊」と「第2艦隊」の陣容は変わらず、「第3艦隊」は昭和17年3月10日付けで「第2南遣艦隊」と改編されてその名が消えた。

「南洋部隊」と部署されている「第4艦隊」ではラバウルに設置されていた「第8特別陸根拠地隊」が「第8根拠地隊」に昇格。その第8根拠地隊の下、ラバウルに第81警備隊が、ニューギニアのラエに第82警備隊が創設された。

特筆されるのがこの第4艦隊の麾下に「第2海上護衛隊」が、「第3南遣艦隊」の麾下に「第1海上護衛隊」が編制されていること。いずれもこの時の編制改定で新編されたもので、第2海上護衛隊は内地〜トラック間の、第1海上護衛隊は内地〜馬公〜サンジャック〜シンガポール間、あるいは馬公〜マニラ〜バリクパパン間の船団護衛を担当する。その構成艦艇は特設艦船や旧式駆逐艦であるとはいえ、これまで護衛専門の部隊を設置していなかった日本海軍にとって画期的な試みといえる。

潜水艦部隊である「第6艦隊」には「第8潜水戦隊」が新たに創設された。新巡潜型（甲・乙・丙型）の潜水艦の数もだいぶ充足している。潜水艦は飛行機と同じく最新の兵器でなければ戦場での生き残りが難しく、旧式艦から未帰還となるジンクスが現れてきた。

第1航空艦隊に新たに加えられた「第10戦隊」は、軽巡洋艦を旗艦に子隊の駆逐隊を擁する、従来の水雷戦隊と同じような構造だが、これは空母部隊の護衛を専門とする部隊で、以後、勢力を変えつつ、昭和19年11月15日の編制改定で解隊されるまで活躍する（ただし、解隊直前のレイテ沖海戦時は水上艦艇部隊である第1遊撃部隊に部署）。これにより、各航空戦隊に所属していた駆逐艦や駆逐隊は再編成のうえ、ここに組み込まれたり、他へ転出した。

「第11航空艦隊」は3個航空戦隊であったが、新たに第24、第25、第26航空戦隊が創設された。航空隊の数もそれに伴い増えているが、例えば第6航空隊は台南航空隊と第3航空隊の定数を減らし、その隊員を基幹として編成されたもので、第4航空隊も千歳航空隊の分派兵力が基幹となって新編されている。こうした様子は艦隊編制上からは読み取れないので注意が必要だ。大きな消耗はなく第一段作戦を終えたとはいえ、航空戦力は開戦時から微増という実状であった。

「第3南遣艦隊」は昭和17年1月3日に新編されたもので、フィリピン攻略や周辺の警備、海上交通の保護をその任務としていた。編成された当初は連合艦隊麾下であり、この4月10日の改定で第1、第2南遣艦隊とともに、これもまた同日付けで新編された「南西方面艦隊」の麾下となっている。

こうした一方で「第3遣支艦隊」は解隊され、その一部兵力をもって「青島方面特別根拠地隊」と改編、また「海南警備府」も同日付けで創設されるなど編制の見直しがなされている。

開戦時の臨戦準備体制から転換を図った艦隊編成だが、策士、策に溺れるの断り通り、いまだ近代戦争の落とし穴に気づかない日本海軍の姿であった。

（吉野）

●機動部隊と馬来部隊で暴れまわったインド洋作戦

蘭印を攻略した日本海軍は連合軍の残存兵力が集結していると目されていたセイロン島のコロンボとトリンコマリーを4月5日と9日に攻撃した。この間の戦闘をセイロン沖海戦という。

その兵力は「機動部隊」から「加賀」が抜けたもので、空母5隻の航空兵力は空母「ハーミス」をはじめ、「ドーセットシャー」「コーンウォール」などの大型艦のほかインド洋で動くもの全てを海底に葬り去った。

一方でベンガル湾に侵入した「馬来部隊機動部隊（熊野、鈴谷、白雲の北方隊、鳥海、由良、龍驤、朝霧、夕霧の中央隊、三隈、最上、天霧の南方隊）」は4月6日の戦闘で商船21隻を撃沈、8隻を大破させる戦果を報じている。

第一段作戦の最後を飾るにふさわしい作戦だった。

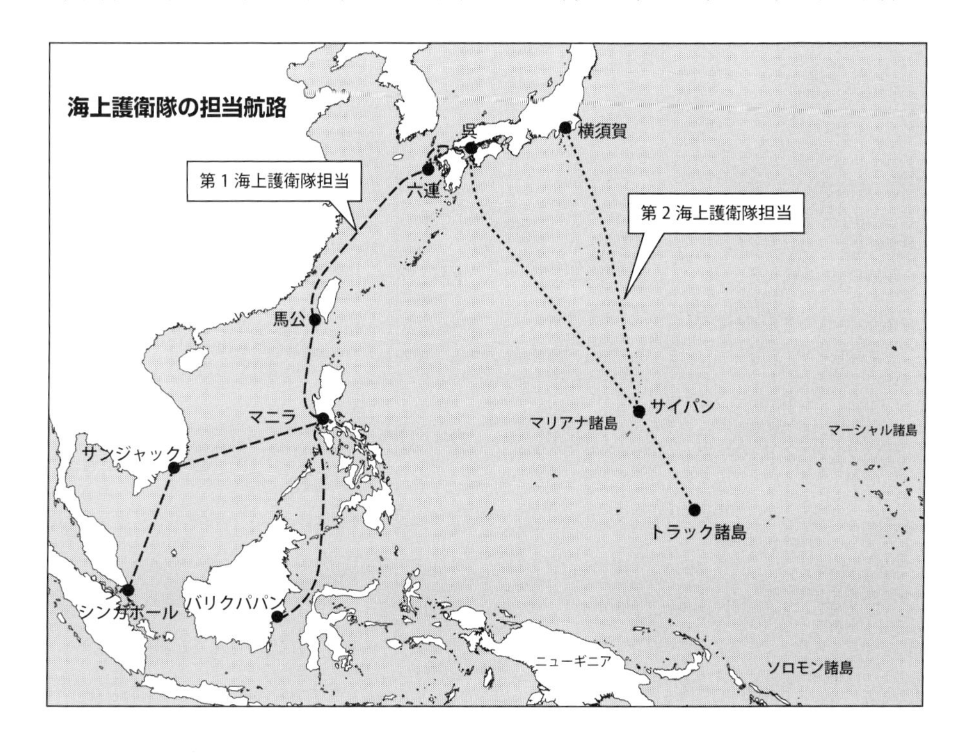

022 MO作戦の機動部隊と攻略部隊

■MO作戦部隊の軍隊区分と艦艇

軍隊区分	指揮官			軍隊区分		艦隊編制上の所属		兵力
MO機動部隊	第4艦隊司令長官 海軍中将 井上成美	第5戦隊司令官		MO機動部隊本隊		第5戦隊		妙高、羽黒
						第10戦隊	第7駆逐隊	曙、潮
				航空部隊		第5航空戦隊		瑞鶴、翔鶴
						第1水雷戦隊	第27駆逐隊	有明、夕暮、白露、時雨
								東邦丸
MO攻略部隊		第6戦隊司令官		MO主隊		第6戦隊		青葉、衣笠、加古、古鷹
						第4航空戦隊		祥鳳
						第10戦隊	第7駆逐隊	漣
			第19戦隊司令官	ツラギ攻略部隊	主隊	第19戦隊		沖島
						第6水雷戦隊	第23駆逐隊	菊月、夕月
					哨戒部隊	第4根拠地隊	第14掃海隊	玉丸※、第2玉丸※
						第5根拠地隊	第15掃海隊	第2文丸※、第3関丸※
								第1※、第2掃海特務艇※
					特務部隊			勝栄丸、五洋丸※
					陸戦部隊	第4艦隊附属		呉3特の一部
			第6水雷戦隊司令官	ポートモレスビー攻略部隊	主隊	第6水雷戦隊		夕張
							第23駆逐隊	卯月
						第8根拠地隊		第20号掃海艇
					第1警戒部隊	第6水雷戦隊	第30駆逐隊	睦月、弥生、望月
					第2警戒部隊	第19戦隊		津軽
						第6水雷戦隊	第29駆逐隊	追風、朝凪
					掃海部隊	第4根拠地隊	第14掃海隊	玉丸、第2玉丸
						第5根拠地隊	第15掃海隊	第2文丸、第3関丸
								第1、第2掃海特務艇
					第3輸送隊			五洋丸、吾妻山丸
					第4輸送隊			秋葉山丸、彰化丸、長和丸
					第5輸送隊			(最上川丸、京城丸)
					附属			雄島
								第10設営班、
								ポートモレスビー輸送班、玉丸
								呉3特の大部
				掩護部隊		第18戦隊		天龍、龍田
						第4艦隊附属		神川丸
						第4艦隊附属		聖川丸飛行機隊
						第4根拠地隊		高栄丸
								羽衣丸、第2号能代丸
						第4艦隊附属		呉3特の一部
				奇襲隊		第7潜水戦隊	第21潜水隊	呂33、呂34
				補給隊				石廊、宝洋丸

※の艦船は作戦直前にツラギ攻略部隊からポートモレスビー攻略部隊に編入された。

◆参考：珊瑚海海戦当時の第5航空戦隊の搭載機数
「瑞鶴」 艦戦（零戦二一型）20機、艦爆（九九艦爆一一型）22機、艦攻（九七艦攻一二型）21機、計63機
「翔鶴」 艦戦（零戦二一型）17機、艦爆（九九艦爆一一型）21機、艦攻（九七艦攻一二型）16機、計54機
◆参考：4/13現在の祥鳳の搭載機数
「祥鳳」 零式一号艦上戦闘機（零戦二一型）10機、九六式四号艦上戦闘機4機、九七式一号艦上攻撃機（九七艦攻一一型）6機

MO作戦から生起した珊瑚海戦〔S17.05.07～08〕

■作戦決定に至るまで

太平洋戦争開戦後、主目的となる南方作戦（第一段作戦）は順調に推移していた。このため昭和17（1942）年3月、まだ第一段作戦が進行中にもかかわらず、陸海軍は「今後とるべき戦争指導の大綱」、すなわち第二段作戦を決定した。

陸海軍とも戦争の遂行方針に食い違いがあったなかで、意見の一致をみたのが豪州ポートモレスビーの攻略であった。これは陸海軍協同の作戦で、海軍側は当初、「南洋部隊」（第4艦隊を基幹）の兵力で実施できるものと考えていた。

昭和17年1月のラバウル失陥により、豪州（オーストラリア）では一般国民でさえも連合国は日本の進出をくい止められないと危惧しており、豪州政府は、当時唯一支援が期待できるアメリカに窮状を訴え、これを受けてアメリカ海軍は空母と巡洋艦からなる機動部隊によってラエやサラモアの日本軍を攻撃した。

さらにアメリカ軍は、暗号解読で日本軍がポートモレスビー攻略を企図していると知る。これを許すと、日本軍のもくろみどおり米・豪連絡は絶たれ、豪州の防衛も困難となり、南太平洋の交通路も脅威にさらされる。このため多数の航空機を豪州に派遣、太平洋艦隊も「ヨークタウン」「レキシントン」を基幹とする空母機動部隊「第17任務部隊」を珊瑚海方面に派遣した。

■MO攻略部隊とMO機動部隊

日本側は地上攻略を行なう陸軍の南海支隊を乗せた船団を、五藤存知少将が指揮するMO攻略部隊が護衛することになった。同部隊の主力は第6戦隊「青葉」「加古」「衣笠」「古鷹」と軽空母「祥鳳」を擁するMO主隊で、MO作戦支援が任務とされた。

このほか「MO攻略部隊」は、「ポートモレスビー攻略部隊」として第6水雷戦隊「夕張」、駆逐艦5隻や陸海軍輸送船各6隻などが属しており、その任務は南海支隊の直接護衛、ポートモレスビーの攻略、その後の航空基地建設などであった。

その他、第18戦隊「天龍」「龍田」、および水上機母艦「神川丸」「聖川丸」2隻とその飛行機隊が主体の「援護部隊」、「ツラギ攻略部隊」という陣容である。

一方、第5航空戦隊「瑞鶴」「翔鶴」と第5戦隊「妙高」「羽黒」が基幹の「MO機動部隊」も編成された。これは昭和17年3月以降、増強されつつある豪州方面の敵航空兵力に対しては有力な空母部隊をぶつけないと作戦が遂行できないと、南洋部隊が連合艦隊に空母の派遣を要請した結果であった。計画が立案された当初、ちょうど「機動部隊」主力はインド洋で作戦中であったため、連合艦隊は内地で修理中の「加賀」を使用するつもりであったが、南洋部隊がそれでは兵力が足りないと増加を求めたため、5航戦や5戦隊を派遣することにしたのである。なお当初、南洋部隊は2航戦の派遣を希望していた。これより先に空母改装工事が終わったばかりの「祥鳳」も南洋部隊に編入されたため、兵力増強の要望はおおむね満たされていた。

高木武雄少将が指揮官の「MO機動部隊」は第5戦隊と第7駆逐隊を「本隊」、5航戦を「航空部隊」に区分、いずれも敵海上兵力、航空兵力の撃滅と攻略部隊の間接支援が主要任務とされた。

ただしアメリカ軍は暗号解読により、「祥鳳」と大型空母2隻を含む水上部隊に護衛された輸送船団が珊瑚海に進出するだろう、とほぼ正しく日本側の企図を見抜いていた。

そうとは知らない第4艦隊司令部は、敵基地航空兵力の制圧をラバウルの第5空襲部隊と増強された5航戦に任せ、船団方式による進撃を企図した。これは敵の基地航空兵力や機動部隊の脅威に対抗すると言うよりも、ほかの航路は大きな迂回ルートを余儀なくされたり、きわめて狭い水道だったりとジョマード水道しか適する航路がなかったためだ。

こうした背景で編成された「MO攻略部隊」と「MO機動部隊」は、兵力自体は米軍に劣らないものとなった。しかし、5月7日に珊瑚海海戦が生起すると、索敵の不備、闘志に欠けた指揮官、統一指揮がなされなかったなどの要因により、攻略作戦は失敗した。特にMO機動部隊の指揮官は高木少将であったが、航空戦については第5航空戦隊司令官の原忠一少将が執ることが作戦前より両者の間で決められていた。このため5航戦はしばしば本隊が分離して行動しており、両提督が海軍兵学校同期という間柄ゆえの「なあなあ」によるものならば、批判は免れないところだ。

こうした指揮官の序列については艦隊編制や兵力とは無関係のようでありながら、作戦の成否にも関わる点であった。

（松田）

◀昭和17年5月7日の珊瑚海海戦でアメリカ空母機の空襲を受ける「祥鳳」。モレスビー攻略のつまずきは、ミッドウェー海戦での敗北や泥沼のガダルカナル戦へとつながってゆく。

023 MI作戦部隊の編制

■MI作戦部隊の軍隊区分と艦艇

軍隊区分			艦隊編制上の所属			兵力	指揮官
第1機動部隊	空襲部隊		第1航空艦隊	第1航空戦隊		赤城、加賀	南雲忠一中将
				第2航空戦隊		飛龍、蒼龍	山口多聞少将
	支援部隊		第2艦隊	第8戦隊		利根、筑摩	阿部弘毅少将
			第1艦隊	第3戦隊第2小隊		榛名、霧島	
	警戒隊		第1航空艦隊	第10戦隊		長良	木村進少将
					第4駆逐隊	嵐、野分、萩風、舞風	有賀幸作大佐
					第10駆逐隊	風雲、夕雲、巻雲、秋雲	阿部俊雄大佐
					第17駆逐隊	磯風、浦風、浜風、谷風	北村昌幸大佐
	第1補給隊		油槽艦			東邦丸、極東丸、日本丸、国洋丸、神国丸	
	第2補給隊		油槽艦			日朗丸、豊光丸、第2共栄丸	
主力部隊	主隊	本隊	聯合艦隊	第1戦隊		大和、長門、陸奥	山本五十六大将
		警戒隊	第1艦隊	第3水雷戦隊		川内	橋本信太郎少将
					第11駆逐隊	吹雪、白雪、初雪、叢雲	荘司喜一郎中佐
					第19駆逐隊	磯波、浦波、敷波、綾波	大江覧治大佐
		空母隊	第1艦隊	第3航空戦隊		鳳翔、夕風	梅谷薫大佐
		特務隊	聯合艦隊	附属		千代田、日進	原田覚大佐
		第1補給隊	油槽艦			鳴戸丸、東栄丸	
	警戒隊	本隊	第1艦隊	第2戦隊		伊勢、日向、扶桑、山城	高須四郎中将
		警戒隊		第9戦隊		北上、大井	岸福治少将
				第1水雷戦隊	第24駆逐隊	海風、江風	平井泰次大佐
					第27駆逐隊	夕暮、白露、時雨	吉村真武大佐
				第3水雷戦隊	第20駆逐隊	天霧、朝霧、夕霧、白雲	山田雄二大佐
		第2補給隊	油槽艦			さくらめんて丸、東亜丸	
攻略部隊	本隊		第2艦隊	第4戦隊第1小隊		愛宕、鳥海	近藤信竹中将
				第5戦隊		妙高、羽黒	高木武雄中将
			第1艦隊	第3戦隊第1小隊		金剛、比叡	三川軍一中将
			第2艦隊	第4水雷戦隊		由良	西村祥治少将
					第2駆逐隊	五月雨、春雨、村雨、夕立	橘正雄大佐
					第9駆逐隊	朝雲、峯雲、夏雲、三日月	佐藤康夫大佐
			第1艦隊	第3航空戦隊		瑞鳳	
			油槽艦			健洋丸、玄洋丸、佐多丸、鶴見丸	
	支援隊		第2艦隊	第7戦隊		熊野、鈴谷、三隈、最上	栗田健男中将
				第4水雷戦隊	第8駆逐隊	朝潮、荒潮	小川莚喜大佐
	護衛隊		第2艦隊	第2水雷戦隊		神通	田中頼三少将
					第15駆逐隊	親潮、黒潮	佐藤寅治郎大佐
					第16駆逐隊	雪風、時津風、天津風、初風	渋谷紫郎大佐
					第18駆逐隊	不知火、霞、陽炎、霰	宮坂義登大佐
						第1、第2、第34号哨戒艇	
			油槽艦			あけぼの丸	
			聯合艦隊	第11航空戦隊		千歳、神川丸	藤田類太郎少将
			第2艦隊	第2水雷戦隊	第15駆逐隊	早潮	
						第35号哨戒艇	
			聯合艦隊	附属		明石	
	ミッドウェー諸島占領隊		輸送船(18隻)			清澄丸、ぶらじる丸、あるぜんちな丸、北陸丸、吾妻丸、霧島丸、第2東亜丸、鹿野丸、明陽丸、山福丸、南海丸、善洋丸	
			油槽艦			日栄丸	
						第二連合特別陸戦隊	大田実大佐
						横五特、呉五特、第11設営隊、第12設営隊、第4測量隊	
						陸軍一木支隊	一木清直（陸軍）大佐
先遣部隊			第6艦隊			香取	小松輝久中将
	先遣支隊			第8潜水戦隊		愛国丸、報国丸	
					第2潜水隊	伊15、伊17、伊19	
					第4潜水隊	伊25、伊26	
					第1潜水隊	伊174、伊175	
				附属	第13潜水隊	伊122	

			第3潜水戦隊		伊9、靖国丸	
				第12潜水隊	伊168、伊169	
				第20潜水隊	伊171、伊172	
			附属	第13潜水隊	伊123	
		聯合艦隊	第5潜水戦隊		りおでじゃねろ丸	
				第19潜水隊	伊156、伊157、伊158	
				第28潜水隊	伊159	
				第29潜水隊	伊162、伊164	
				第30潜水隊	伊165、伊166	
		第6艦隊	附属	第13潜水隊	伊121	

偶然か、必然か、ミッドウェー海戦の敗北〔S17.06.05〕

■MI作戦と第1機動部隊

開戦以来、快進撃を見せた日本海軍だが、昭和17（1942）年1月から開始された敵機動部隊による島嶼攻撃、4月の日本本土空襲など真珠湾攻撃で会敵できなかった米空母に手を焼いていた。

このため連合艦隊司令長官の山本大将はミッドウェー島を攻撃し、反撃してくるであろう敵空母を捕捉撃滅しようと画策する。連合艦隊では将来的なハワイ攻略も意図しており、ミッドウェー攻略もその布石である。これがMI作戦だ。

基幹となるのは快進撃を支えてきた「機動部隊」改め「第1機動部隊」である。これは新たにAL（アリューシャン）作戦部隊として「第2機動部隊」が編成されたことによる。珊瑚海海戦で傷ついた5航戦は控置し、第1航空戦隊「赤城」「加賀」と、第2航空戦隊「飛龍」「蒼龍」で「空襲部隊」を編成。主要任務は「一に敵艦隊撃滅、二に攻略作戦支援」である。つまり、米機動部隊を撃滅するのがMI作戦の主眼であったのだ。

これに第8戦隊「利根」「筑摩」と第3戦隊第2小隊「金剛」「榛名」が「支援部隊」として加わり、空襲部隊援護と敵艦隊撃滅を主務とする。敵艦隊との万一の遭遇に備えた用心棒である。「警戒隊」はその名のごとく警戒と敵艦隊撃滅のためのもので、第10戦隊がその任に就く。

集中配備した空母群に、護衛や索敵のため戦艦、巡洋艦、水雷戦隊が付属するという、真珠湾攻撃以来変わらない、基本編成と言えよう。

もちろん、当時世界最強の機動部隊であることに間違いはないが、実際にはアメリカ機動部隊側も空母を3隻保有していて数のうえでは大差がなかった。駆逐艦は12隻だが、単純に割り算をすれば空母1隻に4隻。米軍は当時の規定で空母1隻に直衛艦12隻としていたから、かなり少ない。現在の見方では対空射撃能力に乏しいのも弱点となっている。

■「三隈」を失った攻略部隊

近藤信竹中将の率いる「攻略部隊」は機動部隊よりも強力な戦力といえ、本隊が第4戦隊「愛宕」「高雄」、第5戦隊「妙高」「羽黒」、第3戦隊「金剛」「比叡」、第4水雷戦隊に、「瑞鳳」、駆逐艦「三日月」、そしてタンカーと分厚い編成で、全作戦支援を主要任務とした。

これに「占領隊」の輸送と護衛、ミッドウェー攻略、設営援助と多くの任を与えられたのが「護衛隊」である。陣容は第2水雷戦隊「神通」、駆逐艦10隻に魚雷艇5隻、哨戒艇3隻、特務艦船15隻だ。護衛を受ける「占領隊」は陸軍一木支隊や設営隊、海軍陸戦隊などからなる。

「支援隊」は第7戦隊「熊野」「鈴谷」「三隈」「最上」と駆逐艦2隻で、衝突事故を起こした「三隈」「最上」のうち「三隈」が沈没したのは周知の通りだ。

これらは機動部隊に分けてあげたいほど駆逐艦が多く、水上艦艇の火力も大きい。予定通りミッドウェー攻略を実施していればその威力を充分に発揮したものと思われるが、主力となる機動部隊の編制がアンバランスなうえ、ミッドウェー海戦が大敗北に終わったため、その編成に批判が集まるのは仕方がない。

■「全作戦支援」の主力部隊

ミッドウェー海戦を語る際に、批判の俎上に上がるのが「主力部隊」だ。戦艦部隊、巡洋艦戦隊、水雷戦隊、空母隊、特務隊、第1および第2補給隊で編成されており、とくに戦艦部隊は第1戦隊「大和」「陸奥」「長門」と第2戦隊「伊勢」「日向」「山城」「扶桑」と保有する戦艦総動員である。

その任務は全作戦支援とされたが、機動部隊の後方約300浬に位置したため、危急に際して有効な支援ができなかった、とは今や定番とも言える批判要素だ。

むしろ、敵空母の撃滅が第一の作戦でこれだけの戦艦を引っ張り出した真意を知りたいが、島嶼を襲う米空母捕捉のため戦艦部隊へ出撃命令が出たことがある経緯を考慮すると、いざという時は本気で一戦交えると考えていたのかもしれない。ただ、第3水雷戦隊などはこの時期訓練が不十分で、宇垣参謀長は『戦藻録』に「直衛たる水戦の運動誠に心許なく油断を許さず」と記している。

完全な「たら、れば」論だが攻略部隊と主力部隊から、それぞれ1個駆逐隊でも機動部隊に配していれば、多少は戦闘の様相も変わったのではないだろうか。これもよく言われているように、航空主兵の有効を自ら実証しながら、MI作戦の編制は水上艦艇による艦隊決戦を思わせるものであった。

なお潜水艦部隊となる先遣部隊は主隊となる第3、第5潜水戦隊が散開線配備に就いた。このうち第12潜水隊の「伊168潜」が空母「ヨークタウン」にとどめを刺し、辛うじて完敗を免れた功績は特筆に値する。

（松田）

03. 昭和17年7月14日の艦隊編制

031 臨時編成だった空母機動部隊を建制化する

〈艦隊〉	〈戦隊〉	〈隊〉	〈艦艇・航空隊〉	〈特設艦艇・特設航空隊・地上部隊〉	〈指揮官〉
連合艦隊直率					山本五十六大将（32）
	第1戦隊		大和（艦隊旗艦）		
	第1連合通信隊		東京海軍通信隊	大和田通信隊	
	附属		伊勢、日向、千代田、日進、矢風、摂津、明石、室戸	春日丸、八幡丸、浦上丸、山鳩丸、報国丸、愛国丸、清澄丸、金龍丸、朝日丸、高砂丸、氷川丸 横須賀鎮守府第5特別陸戦隊、呉鎮守府第5特別陸戦隊	
		第7駆逐隊	曙、潮、漣		
第1艦隊					清水光美中将（36）
	第2戦隊		長門、陸奥、扶桑、山城		第1艦隊司令長官直率
	第6戦隊		青葉、衣笠、加古、古鷹		五藤存知少将（38）
	第9戦隊		大井、北上		岸　福治少将（40）
	第1水雷戦隊		阿武隈		大森仙太郎少将（41）
		第6駆逐隊	雷、電、響、暁		
		第21駆逐隊	初春、子ノ日、初霜、若葉		
	第3水雷戦隊		川内		橋本信太郎少将（41）
		第11駆逐隊	吹雪、初雪、白雪、叢雲		
		第19駆逐隊	磯波、浦波、敷波、綾波		
		第20駆逐隊	天霧、朝霧、夕霧、狭霧、白雲		
	附属			神祥丸	
第2艦隊					近藤信竹中将（35）
	第3戦隊		金剛、榛名		栗田健男中将（38）
	第4戦隊		高雄、愛宕、摩耶		第2艦隊司令長官直率
	第5戦隊		羽黒、妙高		高木武雄中将（39）
	第2水雷戦隊		神通		田中頼三少将（41）
		第15駆逐隊	黒潮、親潮、早潮、夏潮		
		第18駆逐隊	霰、霞、陽炎、不知火		
		第24駆逐隊	海風、山風、江風、涼風		
	第4水雷戦隊		由良		高間　完少将（41）
		第2駆逐隊	村雨、五月雨、春雨、夕立		
		第9駆逐隊	朝雲、峯雲、夏雲、山雲		
		第27駆逐隊	有明、夕暮、時雨、白露		
	第11航空戦隊		千歳	神川丸	城島高次少将（40）
	附属			神風丸	
第3艦隊					南雲忠一中将（36）
	第1航空戦隊		翔鶴、瑞鶴、瑞鳳		第3艦隊司令長官直率
	第2航空戦隊		龍驤、隼鷹、飛鷹（※1）		角田覚治少将（39）
	第7戦隊		最上、鈴谷、熊野		西村祥治少将（39）
	第8戦隊		利根、筑摩		原　忠一少将（39）
	第10戦隊		長良		木村　進少将（40）
		第4駆逐隊	野分、嵐、萩風、舞風		
		第10駆逐隊	秋雲、夕雲、巻雲、風雲		
		第16駆逐隊	初風、雪風、時津風、天津風		
		第17駆逐隊	谷風、浦風、浜風、磯風		
	第11戦隊		比叡、霧島		阿部弘毅少将（39）
	附属		鳳翔、夕風、（赤城）、（飛龍）（※2） 第1航空基地隊		

第4艦隊					井上成美中将（37）
			鹿島		
	第4根拠地隊			高榮丸、第2長江丸、第2長江丸、平壌丸 第57、58駆潜隊 第41、42、43防備隊 第21航空隊 第3、4通信隊	
	第5根拠地隊			勝泳丸、昭徳丸 第59、60駆潜隊 第54警備隊 第5通信隊	
	第6根拠地隊			八海山丸、光島丸、大同丸、生田丸 第16掃海隊 第62、63、65駆潜隊 第61、62、63、64、65警備隊 第19航空隊 第6潜水艦基地隊 第6通信隊	
	第2海上護衛隊		夕張	能代丸、長運丸	武田盛治少将（38）
		第29駆逐隊	追風、疾風、朝凪、夕凪、夕月		
	附属		常磐、宗谷	國川丸 第4港務部 第4測量隊	
第5艦隊					細萱戊子郎中将(36)
	第21戦隊		那智、多摩、木曾		第5艦隊司令長官直率
	第22戦隊			栗田丸、浅香丸、赤城丸	堀内茂礼少将（39）
	父島方面特別根拠地隊		父島航空隊	まがね丸、江戸丸 第17掃海隊 父島海軍通信隊	
	附属		汐風、帆風	君川丸、興和丸、第2日の丸、第10福榮丸、神津丸、第1震洋丸 第5警備隊 第1、2、3監視艇隊	
		第26潜水隊	呂60、呂61、呂62		
		第33潜水隊	呂63、呂64、呂68		
		第13駆潜隊			
第6艦隊					小松輝久中将（37）
			香取		
	第1潜水戦隊		伊9	平安丸	山崎重暉少将（41）
		第2潜水隊	伊18、伊19、伊20		
		第4潜水隊	伊24、伊25、伊26		
		第15潜水隊	伊31、伊32、伊33		
	第2潜水戦隊		伊7	さんとす丸	市岡　寿少将（42）
		第7潜水隊	伊1、伊2、伊3		
		第8潜水隊	伊4、伊5、伊6		
	第3潜水戦隊		伊11	靖国丸	河野千万城少将（42）
		第11潜水隊	伊74、伊75		
		第12潜水隊	伊68、伊69、伊70		
		第20潜水隊	伊71、伊72、伊73		
	第8潜水戦隊		伊10	日枝丸	石崎　昇少将（42）
		第1潜水隊	伊15、伊16、伊17		
		第3潜水隊	伊21、伊22、伊23		
		第14潜水隊	伊27、伊28、伊29、伊30		
第8艦隊					三川軍一中将（38）
			鳥海		
	第18戦隊		天龍、龍田		梶岡貞道少将(39)
	第7潜水戦隊		迅鯨		吉富説三少将（39）
		第13潜水隊	伊121、伊122、伊123		
		第21潜水隊	呂33、呂34		
	第7根拠地隊			第23、32駆潜隊 第85通信隊 第85潜水艦基地隊	
	第8根拠地隊		第20掃海艇、第21、第31駆潜艇	第56駆潜隊 第5砲艦隊 第81、82、84警備隊 第8潜水艦基地隊 第8通信隊	
		第21駆潜隊	第16、17、18駆潜艇		
	附属		津軽	聖川丸 第2航空隊 呉鎮守府第3特別陸戦隊、佐世保鎮守府第5特別陸戦隊 第10、11、12、13、14、15設営隊	
		第30駆逐隊	睦月、弥生、望月、如月、卯月		

第11航空艦隊					塚原二四三中将（36）
	第22航空戦隊		美幌航空隊、元山航空隊	富士川丸	吉良俊一少将（41）
	第24航空戦隊		千歳航空隊 神威	第1航空隊、第14航空隊 五洲丸	前田　稔少将（41）
	第25航空戦隊		台南航空隊 秋津洲	最上川丸 第4航空隊	山田定義少将（42）
	第26航空戦隊		三沢航空隊、木更津航空隊	第6航空隊	山縣正郷中将（39）
	附属			りおん丸、慶洋丸、名古屋丸	
		第34駆逐隊	羽風、秋風、太刀風		
南西方面艦隊					高橋伊望中将（36）
	第1海上護衛隊		三日月、鴬、隼	浮島丸、華山丸、唐山丸、北京丸、 長寿山丸、でりい丸	井上保雄中将（38）
		第13駆逐隊	若竹、呉竹、早苗		
		第22駆逐隊	文月、皐月、長月、水無月		
		第32駆逐隊	朝顔、芙蓉、苅萱		
	第21航空戦隊		鹿屋航空隊、東港航空隊	葛城丸	
	第22航空戦隊		高雄航空隊	第3航空隊	
	附属		伊8	りおでじゃねろ丸	
		第30潜水隊	伊65、伊66、伊62		
第1南遣艦隊					大川内伝七中将（37期）
			香椎		
	第9特別根拠地隊		初鷹		
		第1掃海隊	第1、2、3、4、5、6号掃海艇		
		第11駆潜隊	第7、第8、第9号駆潜艇		
		第91駆潜隊			
	第10特別根拠地隊				
	第11特別根拠地隊			永福丸	
	第12特別根拠地隊				
	附属		勝力、占守	相良丸 第40航空隊 第3測量隊	
		第5駆逐隊	春風、旗風、朝風、松風		
第2南遣艦隊					南西方面艦隊司令長官直率
			足柄、厳島		
	第16戦隊		名取、鬼怒、五十鈴		原 顕三郎少将（37期）
	第21特別根拠地隊		第8、11、12号掃海艇 第1、2、3号駆潜艇	第932海軍航空隊 第21通信隊 第21潜水艦基地隊 第1港務部	
	第22特別根拠地隊		第16号掃海艇 第4、5、6号駆潜艇	第2警備隊 第2港務部	
	第23特別根拠地隊		蒼鷹、初雁、真鶴、千鳥	新興丸 第54駆潜隊 第3、6警備隊	
	第24特別根拠地隊		友鶴、雉	第4警備隊 第24通信隊 第934海軍航空隊	
	附属		筑紫	山陽丸 第2砲艦隊 第35航空隊 第1測量隊 横須賀鎮守府第1、3特別陸戦隊	
第3南遣艦隊					大田泰治中将（37期）
			球磨、八重山		
	第31特別根拠地隊		第17、18号掃海艇		
		第31駆潜隊	第10、11、12号駆潜艇		
	第32特別根拠地隊			武昌丸	
	附属			讃岐丸、日祐丸、第36共同丸 第31航空隊 第2測量隊	

支那方面艦隊						古賀峯一大将（34期）
				出雲（艦隊旗艦）	牟婁丸、白沙	
		上海方面根拠地隊		鳥羽、栗、蓮、栂	第13、14砲艦隊 第1、2砲艇隊	
		上海港務部				
		舟山島警備隊				
	第1遣支艦隊					牧田覚三郎中将（38期）
				安宅、鳥羽、勢多、比良、保津、堅田、熱海、二見、伏見、隅田、宇治		
		附属	漢口特別根拠地隊			
	第2遣支艦隊					原　清中将（38期）
		附属		嵯峨、橋立、鵯、鵲	第2掃海隊	
		第21根拠地隊		白鷹	いくしま丸、辰宮丸 第33航空隊 第1港務部 第1警備隊 第21通信隊 第21潜水艦基地隊	
			第21掃海隊	第8、11、12号掃海艇		
			第1駆潜隊	第1、2、3号駆潜艇		
			第2駆潜隊	第13、14、15号駆潜艇		
		第22根拠地隊		若鷹	辰春丸、射水丸 第2港務部 第2警備隊 第22通信隊	
			第11掃海隊	第15、16号掃海艇		
		厦門特別根拠地隊				
		広東特別根拠地隊				
		香港特別根拠地隊				
		青島方面特別根拠地隊				
		附属		橋立、磐手	首里丸	
			第11水雷隊	雉、雁		
横須賀鎮守府						平田 昇中将（34）
				駒橋、朧、沢風、沖風、呂31、第22、23、24号駆潜艇 横須賀航空隊、館山航空隊	福山丸 第4監視艇隊 横須賀第1、2海兵団 横須賀潜水艦基地隊 横須賀海軍港務部 横須賀海軍通信隊	
		横須賀海軍警備隊				
		横須賀防備戦隊		第25、26号掃海艇	笠置丸、金剛山丸、京津丸、第2号日吉丸	
			横須賀防備隊			
		第11連合航空隊		霞ヶ浦航空隊、筑波航空隊、谷田部航空隊、百里原航空隊、名古屋航空隊、鹿島航空隊、北浦航空隊、大津航空隊、土浦航空隊		
佐世保鎮守府						谷本馬太郎中将（35）
				野登呂、佐多、敷島 佐世保航空隊	佐世保第1・2海兵団 佐世保潜水艦基地隊 佐世保海軍港務部 佐世保海軍通信隊	
		佐世保警備戦隊			浮島丸、華山丸	
		佐世保防備戦隊		平島	富津丸、新京丸、第5信洋丸 第41、42、43掃海隊	
			佐世保防備隊	燕、鷗、大立		
		大島根拠地隊		大島通信隊	河北丸 第41掃海隊	
			大島防備隊			
呉鎮守府						豊田副武大将（33）
				呉航空隊、佐伯航空隊、岩国航空隊	呉海兵団、大竹海兵団 呉潜水艦基地隊 呉海軍港務部 徳山海軍港務部 呉海軍通信隊	
		附属		八雲、磐手、鳩、長鯨		
			第18潜水隊	伊153、伊154、伊155		
			第19潜水隊	伊156、伊157、伊159、伊158		
			第6潜水隊	呂57、呂58、呂59		
		呉海軍警備隊			佐伯防備隊、下関防備隊 第31、33、34掃海隊	
		呉防備戦隊		第25、26、27号駆潜艇	西貢丸、盤谷丸、	
		第20連合航空隊		大分航空隊、宇佐航空隊、博多航空隊、大村軍航空隊、徳島航空隊、小松島航空隊		

舞鶴鎮守府					新見政一中将（36）
			舞鶴海軍航空隊	舞鶴海兵団 舞鶴海軍港務部 舞鶴海軍通信隊	
	舞鶴警備戦隊				
	舞鶴防備戦隊				
	附属		成生、立石、戸島、鷲埼	山東丸 第35掃海隊	
馬公警備府					山本弘毅中将（36）
			測天、江之島、似島 馬公海軍航空隊	千洋丸、名白丸 第44、45、46掃海隊 馬公海軍港務部 馬公海軍通信隊 馬公防備隊	
大湊警備府					大熊政吉中将（37）
			沖風、国後、八丈、石垣、大泊 大湊海軍航空隊	第27掃海隊 大湊防備隊 大湊海軍港務部 大湊海軍通信隊	
		第1駆逐隊	野風、沼風、波風、神風		
		大湊防備隊	白神、葦埼、黒埼、	第2号新興丸、瑞興丸、千歳丸	
鎮海警備府					坂本伊久太中将（36）
			峯風 鎭海海軍航空隊	第48、49掃海隊 鎭海海軍港務部 鎭海海軍通信隊	
	鎮海防備戦隊	鎮海防備隊	巨済、黒島、加徳		
	羅津根拠地隊	羅津防備隊		盛京丸、白海丸	
大阪警備府部隊					小林　仁中将（38）
海南警備府部隊					砂川兼雄中将（36）
海軍省					
		第1水雷隊	鴻、隼		
			野島		
	予備艦		那珂（※3）		
	機関学校練習艦		吾妻		

※1：飛鷹は7/31付けで第2航空戦隊へ編入。
※2：赤城、飛龍はミッドウェー海戦で戦没しているが、書類上は除籍されていなかった。
※3：那珂は被雷により損傷、修理中。

ミッドウェーショック。空母部隊再建に注力する

太平洋戦争における海戦は、日本海軍が真珠湾攻撃で示して見せたように空母機動部隊の航空機の戦闘によって勝敗が決する様相となった。

連合艦隊は、昭和17（1942）年初頭から中期にかけて、引き続き南雲忠一中将率いる6隻の航空母艦を基幹とする「機動部隊」により、ラバウル攻略や蘭印攻略の支援を実施し、第1艦隊第3戦隊の「金剛」型高速戦艦4隻を従えてインド洋を暴れ回ると、5月にはモレスビー攻略の支援のため第5航空戦隊を派遣し、珊瑚海海戦を戦った。

連合艦隊司令長官の山本五十六大将は短期間でこの戦争を終結させたいと考えていた。そこで、続く勝ち戦に乗じて、アメリカの空母機動部隊をおびき出し、一気に勝負をつけるべく、昭和17年6月5日にミッドウェー作戦を敢行、南雲中将率いる「第1機動部隊」の第1航空戦隊と第2航空戦隊の空母4隻は、アメリカの第16任務部隊・第17任務部隊と干戈を交えた。

しかし、暗号解読により攻撃目標や作戦内容を察知されていた南雲機動部隊は、旗艦の空母「赤城」をはじめ、「加賀」「蒼龍」「飛龍」がことごとく被弾沈没するという手ひどい敗北を喫してしまう。

連合艦隊は、ミッドウェー作戦の前の昭和17年4月10日に、「第3艦隊」を改編して「南西方面艦隊」の「第2南遣艦隊」とするなど小規模な編制替えは行なっていたが、大枠の体制は昭和16年12月の開戦当初のままだった。

しかし、ミッドウェー海戦で空母4隻を失ったショックは大きく、いまや虎の子となった空母「瑞鶴」と「翔鶴（修理中）」を主力とする機動部隊を編成し直さなくてはならない。

こうして7月14日、艦隊編制の大幅な改編が行なわれた。

その主眼は、従来のように「軍隊区分」により空母部隊と護衛の艦艇部隊を寄せ集めて機動部隊を編成する方式ではなく、基本的な艦隊編制である「建制」により1つの艦隊を空母機動部隊として編成する方式に改めることである。第1航空艦隊は、それだけでは充分に機能しなかったということだ。

そして、前述のように第2南遣艦隊として改編されたため、空位となっていた「第3艦隊」の名が、機動艦隊にあてられることとなったのである。

空母兵力の急速な再編成を図るにあたり、もと第1航空艦隊第5航空戦隊の「翔鶴」「瑞鶴」をスライドさせて新たに第1航空戦隊とし、もと第1艦隊第3航空戦

隊から、小型だが今となっては貴重な存在となった空母「瑞鳳」をここに編入させて1個航空戦隊を３隻構成とした。「第２航空戦隊」には、それまで第4航空戦隊を編成していた小型空母「龍驤」と、6月のアリューシャン作戦以来、戦列に加わった「隼鷹」が顔を並べた。「隼鷹」は日本郵船の未成の大型豪華客船を空母に改造したもので、同型の「飛鷹」もこの7月14日に軍艦籍に編入され、７月31日に竣工すると同時にこの２航戦へ編入される。

▲竣工から間もないこともあり、緒戦時には練度不足と軽視された第5航空戦隊の「翔鶴」「瑞鶴」だったが、ミッドウェー海戦で主力４空母が失われると一躍脚光を浴びることとなる。写真は竣工間もない頃の「翔鶴」。

各空母に搭載される飛行機隊も再建が急がされた。ミッドウェー海戦において二度の敵機動部隊攻撃で壊滅した「飛龍」飛行機隊を除き、「赤城」「加賀」両飛行機隊の生き残りは「翔鶴」飛行機隊の、「蒼龍」飛行機隊は新編された「飛鷹」飛行機隊の基幹となっている。

この7月14日付けの日米の空母保有比率を見てみると、「翔鶴」が珊瑚海海戦で損傷しているので、稼働空母数は「鳳翔」「龍驤」「瑞鶴」「瑞鳳」４隻対「レインジャー」「エンタープライズ」「ホーネット」「ワスプ」４隻のタイ（他に「サラトガ」が損傷修理完工目前）。うち、わが「鳳翔」は実戦に不向きな小型の実験艦であり、米の「レインジャー」は大西洋方面に配属されていたので、実質は３対３であり、しばらくは互いに機動力不足から積極的な戦闘がとだえる。

しかし、アメリカはすでに空母の大量建造に着手していて、新型空母「エセックス」が7月31日に竣工し、８月に軽空母「インディペンデンス」、９月に「レキシントンⅡ」、10月に「プリンストン」、12月に「バンカーヒル」と続々と竣工する（日本側は「飛鷹」と「龍鳳」のみ）。日米の空母保有比率はこれ以降徐々に広がり、1年後には大きく差がつくこととなるのだ。

なお、第3艦隊の附属に「第1航空基地隊」という名が見えるが、これは空母飛行機隊に補充する搭乗員を養成するために創設された訓練部隊である。従来は練習航空隊での訓練を終えた搭乗員は空母へ配属されてから発着艦訓練などを行なっていたが、実戦用空母は実戦用の訓練にのみ専念し、早期の戦力再建を図るためであった。旧式の「鳳翔」はこの訓練用空母としてここへ加えられているわけだ。

戦艦部隊についてみると、連合艦隊直率の「第１戦隊」は、新型戦艦「大和」が艦隊旗艦となった。同型の「武蔵」が第１戦隊に編入されるのは８月５日のことである。

もと第１艦隊第２戦隊旗艦だった「伊勢」と同型の「日向」は連合艦隊附属となり、その後予備艦となって、空母勢力の不足を補うため航空戦艦への改装準備に入った。第１艦隊第２戦隊へは第１戦隊の「長門」「陸奥」が移籍し、「扶桑」「山城」との４隻体制を保っている。それまで金剛型戦艦4隻からなっていた第３戦隊は、「金剛」「榛名」のみとなって第１艦隊から「第２艦隊」へ編入され、「比叡」「霧島」は機動部隊である「第３艦隊」の「第11戦隊」を編成した。

近藤信竹中将率いる「第２艦隊」には条約型重巡洋艦の「第４戦隊」「第５戦隊」が残り、旗艦を「愛宕」に置いて「第２水雷戦隊」「第４水雷戦隊」を率いた。新型重巡の「最上」型、「鈴谷」型、「利根」型による「第７戦隊」「第８戦隊」は、「三隈」を失ったが、南雲中将率いる機動部隊の第３艦隊へ編入された。五藤存知少将の「第６戦隊」は第１艦隊麾下のままであった。

条約型重巡のうち「鳥海」は、新編制の「第８艦隊」へと移籍され、独立旗艦となり、三川軍一中将が坐乗して艦隊の指揮を執る。第４艦隊から編入された第18戦隊の「天龍」「龍田」や、第７潜水戦隊、附属部隊の「睦月」型５隻による第30駆逐隊などが含まれ、外南洋方面の警備に当たることになった。

この艦隊編制はミッドウェー海戦で水入りとなった第2段作戦を仕切りなおすためのものといえた。

しかし、この改編からひと月と経たない8月7日にソロモン諸島ガダルカナル島へ米地上軍が上陸し、長い消耗戦が幕をあけることとなる。

（畑中）

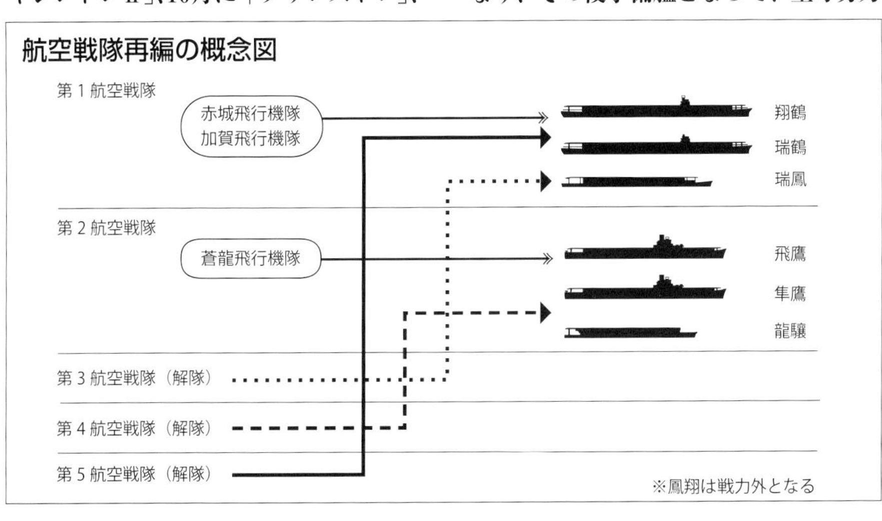

032 ガダルカナル島攻防戦と関係部隊

ソロモン諸島で泥沼の攻防戦が始まる

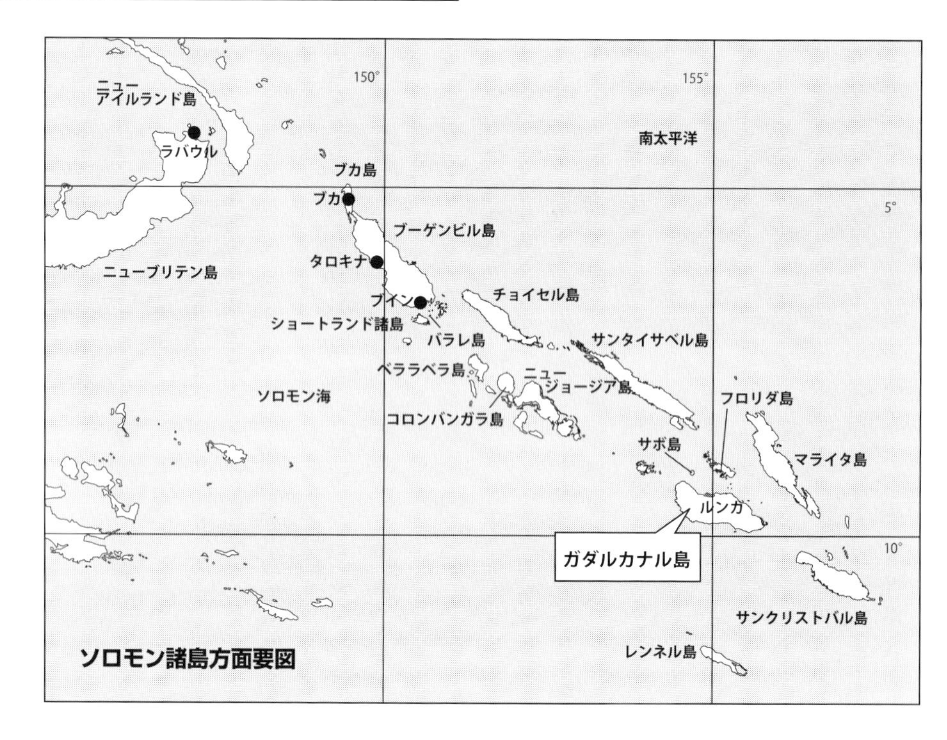

ソロモン諸島方面要図

MO作戦やMI作戦でのつまずきはあったものの、日本海軍はFS作戦の遂行のため、まずは5月に攻略したソロモン諸島のフロリダ島ツラギを飛行艇基地として整備する一方、ガダルカナル島にルンガ飛行場を構築して航空兵力を磐石なものにしようとしていた。

やがてそれがようやく完成しようとしていた昭和17年8月7日黎明、ツラギが突如として敵空母機動部隊による空襲を受けると、続いてガダルカナルへアメリカ海兵隊1個師団が上陸してくる。

これに対し、第8艦隊司令長官三川軍一中将は即日、指揮下にあった第25航空戦隊の台南航空隊や第4航空隊を敵艦隊並びに上陸船団への攻撃に振り向ける（もともとニューギニア攻撃に出撃する予定であった）一方で、「鳥海」に将旗を掲げ邀撃に向かった。

これが第1次ソロモン海戦である。この時に編成された艦隊は第8艦隊独立旗艦の「鳥海」に、ニューアイルランド島のカビエンにいた第1艦隊の「第6戦隊」を加えたものが主力で、元々の第8艦隊の所属部隊である「第18戦隊」の「天龍」や居合わせた「第2海上護衛隊」の「夕張」と「夕凪」はいずれも旧式艦ばかりであるため一旦その参加を見送る決定がなされたが、各艦長が同行を強く願い出たため兵力に加えられた経緯がある。これは全く臨時に編成された部隊であった。

サボ島を1周回って敵艦隊と斬り結んだのち離脱するという取り決めでルンガ沖に突入した三川艦隊が米豪重巡4隻を撃沈、重巡1隻並びに駆逐艦2隻を大破させる大戦果を上げたことは周知の通りである（ただし、ルンガ沖の敵輸送船団は無傷）。

この海戦や、数度の航空攻撃によりいったん敵艦隊や輸送船団がガダルカナル島周辺から姿を消したことを確認した日本海軍は、しばらくニューギニア方面の作戦に注力し、陸軍一木支隊およそ900名の到着により8月16日にこれをガダルカナル島に上陸させ、一気に奪回できるものと見ていた。

ところが、知らぬ間にアメリカ軍はガダルカナルの元日本飛行場周辺に強固な防御陣地を構築しており、8月20日に突撃を敢行した一木支隊は全滅。川口支隊の投入となる。

それに先立ち周辺海域の航空優勢を確保しようとして「機動部隊」がガダルカナル沖へ出動、8月23～24日にこれがアメリカ機動部隊と激突したのが第2次ソロモン海戦であった。

これはミッドウェー以来の空母戦となったが、日本側はガダルカナル島攻撃に向かわせた「龍驤」を敵機動部隊に捕捉され、その猛攻により撃沈された一方、満足な戦果を得られずに終わる。

9月7日には川口支隊と一木支隊第2梯団が駆逐艦輸送によりガダルカナル島へ上陸を果たし、飛行場包囲網を作りつつ9月12日夜、13日夜と総攻撃を実施。しかし、敵の防御はさらに強固なものとなっており、あえなく撃退されてしまう。

これをみた陸軍側は軽装備の銃剣突撃による攻略ではなく、重砲による火力支援のもとでの近代的な陸戦により攻撃することを決意し、海軍側の協力を得て高

■第1次ソロモン海戦〔S17.08.08/09〕における編制

指揮官	艦隊編制上の所属			兵力	指揮官
第8艦隊 司令長官	第8艦隊			鳥海	第8艦隊 司令長官
三川軍一中将	第1艦隊	第6戦隊		青葉、衣笠、加古、古鷹	五藤存知少将
	第8艦隊	第18戦隊		天龍	松山光治少将
	第4艦隊	第2海上護衛隊		夕張	
			第29駆逐隊	夕凪	

■第2次ソロモン海戦時の兵力部署〔S17.08.10～14発令〕

区分		指揮官	艦隊平成上の区分			兵力
前進部隊	本隊	第2艦隊司令長官	第2艦隊	第4戦隊		愛宕、高雄、摩耶
				第5戦隊		妙高、羽黒
			第1艦隊	第2戦隊		陸奥
			第2艦隊	第2水雷戦隊		神通
					第15駆逐隊	黒潮、親潮、早潮、陽炎（※1）
					第24駆逐隊	海風、江風、涼風
				第4水雷戦隊		由良
					第9駆逐隊	朝雲、夏雲、山雲、峯雲
					第27駆逐隊	白露、時雨、有明、夕暮
	航空部隊	第11航空戦隊司令官	第1艦隊	第11航空戦隊		千歳
			第2南遣艦隊	附属		山陽丸
	待機部隊	第3戦隊司令官	第3艦隊	第3戦隊		金剛、榛名
	附属		連合艦隊			明石、鶴見
						神国丸、尾上丸、日栄丸、健洋丸、あけぼの丸、康良丸、駿河丸
機動部隊	本隊	南雲忠一中将	第3艦隊	第1航空戦隊		翔鶴、瑞鶴（※2）
				第2航空戦隊		龍驤
				第10戦隊	第10駆逐隊	風雲、夕雲、巻雲、秋雲
					第16駆逐隊	時津風、天津風、初風
					附属	秋月（※3）
	前衛	第11戦隊司令官	第3艦隊	第11戦隊		比叡、霧島
			第2艦隊	第7戦隊		鈴谷、熊野
				第8戦隊		利根、筑摩
			第3艦隊	第10戦隊		長良
				第3水雷戦隊	第19駆逐隊	浦波、敷波、綾波
	第1補給隊	東邦丸監督官				東邦丸、東栄丸、東亜丸、国洋丸、第2共栄丸
	第2補給隊	日朗丸監督官				豊光丸、日朗丸
	待機部隊	第2航空戦隊司令官	第3艦隊	第2航空戦隊		隼鷹
				第10戦隊	第16駆逐隊	雷
			連合艦隊	附属		鳳翔、夕風
			第2艦隊	第7戦隊		最上
			第3艦隊	附属		第1航空基地隊

◆前進部隊の軍隊区分は10/10、機動部隊のそれは8/14に発令された。
※1：7/5にキスカで「霰」「不知火」が沈没、「霞」が大破したため、「陽炎」は7/20に第18駆逐隊（8/15解隊）より編制替え。
※2：「瑞鳳」は入渠中で、軍隊区分に含まれず。
※3：「秋月」は海戦に参加せず。

速船団による輸送作戦を実施するが、夜間にガダルカナル島へたどり着いても荷役を終わらせることができず、夜明けとともに敵飛行場から舞い上がった飛行機により海岸へ積み上げた物資を炎上させられるほか、輸送船自身も沈められるしまつであった。

このため、人員の輸送は駆逐艦に、重火器の輸送は「日進」「千歳」など、甲標的や水上偵察機の上げ下ろし用に多数のデリックを有する特殊艦艇を投入するようになる。このうち、駆逐艦による輸送は「鼠輸送」と自嘲的に称された（大発により島伝いに輸送する「蟻輸送」も実施された）。

10月になり、ラバウルにあった第17軍司令部がガダルカナルへ上陸、新たに第2師団の投入が決定されると、その上陸を支援するためにガダルカナルの飛行場を艦砲射撃で黙らせる案が浮上、ここで登場するのが髀肉の嘆をかこっていた「第3戦隊」の「金剛」と「榛名」である。

その砲撃に先立って出撃した「第6戦

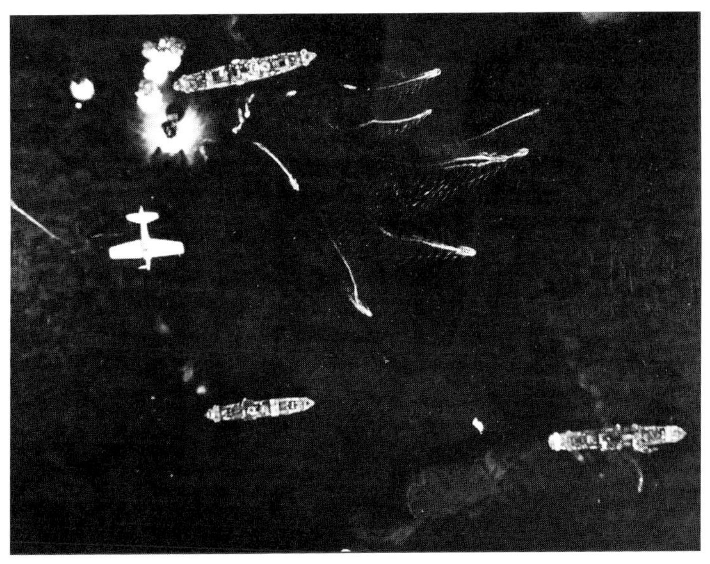

◀昭和17年10月、アメリカ軍の空襲を受ける日本船団。夜のうちに荷役を終わらなければ格好の目標となった。海面を這う航跡は大発などの小型上陸舟艇。各輸送船は錨泊中で、画面左には角ばった主翼が特徴の零戦三二型の姿が見える。

■ガダルカナル砲撃に関する軍隊区分（S17.10.08発令）

軍隊区分			指揮官	艦隊編制上の所属			兵力
支援部隊	前進部隊	本隊	第2艦隊司令長官	第2艦隊	第4戦隊		愛宕、高雄
					第5戦隊		妙高、摩耶（※1）
					第2水雷戦隊		五十鈴
						第31駆逐隊	長波、巻波、高波
				第1艦隊	第3水雷戦隊	第19駆逐隊	磯波
					第1水雷戦隊	第6駆逐隊	電
				第3艦隊	第2航空戦隊		飛鷹、隼鷹
		挺身攻撃隊	第3戦隊司令官	第2艦隊	第3戦隊		金剛、榛名
					第2水雷戦隊	第15駆逐隊	親潮、黒潮、早潮
						第24駆逐隊	海風、江風、涼風
		整備艦船		第2艦隊	第5戦隊		羽黒
		附属					明石、神風丸、尾上丸、日栄丸、神国丸、建洋丸、日本丸、玄洋丸、康良丸、駿河丸
	機動部隊	本隊	第3艦隊司令長官 南雲忠一中将	第3艦隊	第1航空戦隊		翔鶴 、瑞鶴、瑞鳳
					第11戦隊		比叡、霧島
					第10戦隊	第4駆逐隊	嵐、舞風
						第16駆逐隊	雪風、時津風、天津風、浜風
						第61駆逐隊	照月（※2）
						第10駆逐隊	巻雲
		前衛部隊	第8戦隊司令官	第2艦隊	第8戦隊		筑摩、利根
					第7戦隊		熊野、鈴谷
				第3艦隊	第10戦隊		長良
						第10駆逐隊	秋雲、風雲、夕雲
						第17駆逐隊	谷風、浦風、磯風
		奇襲隊	第16駆逐隊司令	第3艦隊	第10戦隊	第16駆逐隊	雪風、天津風（※3）
		補給部隊	国洋丸監督官				東邦丸、東栄丸、国洋丸、旭東丸
				第3艦隊	第10戦隊	第16駆逐隊	初風
							豊光丸、日朗丸、第2共栄丸
		訓練部隊	鳳翔艦長	第3艦隊	附属		鳳翔、夕風、鹿屋空、築城空

◆この軍隊区分はもともと10/6発令されたもので、10/8に一部改正があった。
※1：「摩耶」の艦隊編制上の所属は第4戦隊。
※2：第61駆逐隊は10/7新編された部隊。「秋月」は「輸送部隊」に部署されていた。
※3：雪風と天津風は10/12～13にヌデニ島砲撃を実施して「機動部隊」へ復帰。

隊」から部署された第1次挺進隊が10月12日夜にアメリカ艦隊と遭遇し、旗艦「青葉」が損傷して五藤在知少将が戦死、「古鷹」が沈没したのがサボ島沖夜戦だ。

サボ島沖海戦は撃沈した敵艦が駆逐艦1隻と戦果が少なく、また日本側の敵味方識別の不手際が取りざたされるが、結果的にこれでアメリカ艦隊は有力な軽快部隊を失うこととなり、翌日夜には第3戦隊がゆうゆうとガダルカナルへの艦砲射撃を実施することとなるのだから、第1次挺進攻撃隊は立派に露払いの役目を果たしたと讃えたい。翌14日夜には「鳥海」と「衣笠」がだめ押しの艦砲射撃を実施して、サボ島沖の仇を討った形だ。

■サボ島沖海戦（S17.10.12/13）となった第1次挺進攻撃隊の陣容

区分	指揮官	艦隊編制上の所属			兵力
支援部隊	第6戦隊司令官 五藤存知少将	第1艦隊	第6戦隊		青葉、衣笠、古鷹
			第3水雷戦隊	第11駆逐隊	吹雪、初雪（第2小隊）
輸送部隊	城島高次少将	連合艦隊	附属		日進
		第2艦隊	第11航空戦隊		千歳
		第3艦隊	第10戦隊	第61駆逐隊	秋月
		第1艦隊	第3水雷戦隊	第19駆逐隊	綾波
				第11駆逐隊	白雪、叢雲（第1小隊）
		第2艦隊	第4水雷戦隊	第9駆逐隊	朝雲、夏雲

■「金剛」「榛名」による第2次挺進攻撃隊の陣容（S17.10.13/14）

区分		指揮官	艦隊編制上の所属			兵力
挺身攻撃隊	艦砲射撃隊	栗田健男中将	第2艦隊	第3戦隊		金剛、榛名
	直衛隊			第2水雷戦隊	第15駆逐隊	親潮、黒潮、早潮
					第24駆逐隊	海風、江風、涼風
	前路警戒隊			第2水雷戦隊		五十鈴
					第31駆逐隊	高波、巻波、長波

■南太平洋海戦時の軍隊区分〔S17.10.23現在〕

軍隊区分			指揮官	艦隊編制上の所属			兵力
支援部隊	前進部隊	本隊	第2艦隊司令長官 近藤信竹中将	第2艦隊	第4戦隊		愛宕、高雄
					第3戦隊		金剛、榛名
					第5戦隊		妙高、摩耶（※1）
				第3艦隊	第2航空戦隊		隼鷹（※2）
				第2艦隊	第2水雷戦隊		五十鈴
						第15駆逐隊	黒潮、親潮、早潮
						第24駆逐隊	海風、涼風、江風
						第31駆逐隊	長波、巻波、高波
		附属					神国丸、健洋丸、日本丸、日栄丸
	機動部隊	本隊	第3艦隊司令長官 南雲忠一中将	第3艦隊	第1航空戦隊		翔鶴 、瑞鶴、瑞鳳
					第10戦隊	第4駆逐隊	嵐、舞風
						第16駆逐隊	初風、雪風、天津風、時津風、浜風
						第61駆逐隊	照月
				第2艦隊	第7戦隊		熊野
		前衛部隊	第11戦隊司令官	第3艦隊	第11戦隊		比叡、霧島
				第2艦隊	第7戦隊		鈴谷
					第8戦隊		利根、筑摩
				第3艦隊	第10戦隊		長良
						第10駆逐隊	秋雲、風雲、巻雲、夕雲
						第17駆逐隊	浦風、磯風、谷風
		補給部隊	国洋丸監督官				国洋丸、東栄丸、旭東丸
				第3艦隊	第10戦隊	第4駆逐隊	野分
							豊光丸、日朗丸、第2共栄丸

◆この軍隊区分は左ページにある、10/6発令されたものがもとで、順次改定されてこの状態となった。
※1：「摩耶」の艦隊編制上の所属は第4戦隊。
※2：「飛鷹」は機関故障で戦列離脱。

この14日には第2師団の上陸も始まっている。しかし、依然としてガダルカナルへの輸送は人員は無事上陸するものの重火器や弾薬、糧秣の荷役ができない状態が続き、敵の陣地は強固になる一方。

この第2師団の総攻撃に呼応して出撃した「支援部隊」とアメリカ空母機動部隊とが再び相見えたのが10月26日の南太平洋海戦である。

この時の軍隊区分は「支援部隊本隊」の第2艦隊司令長官近藤信竹中将の指揮下に「機動部隊」が入る従来の形のままであったが、近藤中将はその作戦行動を南雲中将に任せ、また、「前進部隊」に部署されて自身の直率兵力となっていた「第2航空戦隊」の「隼鷹」も「機動部隊」の指揮に任せて、空母戦をより効果的に展開させるための度量の広さを披露したことが特筆される。

しかし、その後も事態は好転せず、その打開のため11月12日夜に行なわれた「第11戦隊」の「比叡」「霧島」によるガダルカナル攻撃は敵巡洋艦や駆逐艦に翻弄されて失敗、翌日には損傷を負った「比叡」が自沈する事態を招き、1日おいた14日夜には残る「霧島」が敵新戦艦2隻と交戦して撃沈された。この2つを合わせて第3次ソロモン海戦と呼称する。

制空権を完全に奪われた形の日本海軍はガダルカナル島への輸送を駆逐艦に頼るのみとなり、11月30日には「第2水雷戦隊」により部署した第1次ガ島増援部隊を投入、不意会敵となったアメリカ艦隊と交戦し、「高波」を失いつつも重巡1隻を撃沈、重巡3隻を大破させる戦果を挙げた。これがルンガ沖夜戦と呼ばれる戦いだが、作戦目的である輸送は達成できなかった。

その後もガダルカナルへの増援はうまくいかず、12月31日の御前会議でその撤収を決定。昭和18年2月1日から7日にかけて「ケ」号作戦が実施され、消耗の島をあとにする。

（吉野）

■ルンガ沖夜戦となった第1次ガ島増援隊の陣容〔S17.11.30〕

区分	艦隊編制上の所属			兵力
警戒隊	第2艦隊	第2水雷戦隊	第31駆逐隊	長波、高波
第1輸送隊			第15駆逐隊	親潮、陽炎
			第31駆逐隊	巻波
第2輸送隊			第24駆逐隊	江風、涼風

04. 昭和18年4月15日の艦隊編制

041 ソロモン諸島攻防戦より守勢に転じる

〈艦隊〉	〈戦隊〉	〈隊〉	〈艦艇・航空隊〉	〈特設艦艇・特設航空隊・陸上部隊〉	〈指揮官〉
連合艦隊直率					山本五十六大将（33）（※1）
	第1戦隊		武蔵、大和		連合艦隊司令長官直率
	第1連合通信隊		東京海軍通信隊	大和田通信隊	
	附属		日向、大鷹、雲鷹、冲鷹、日進、大井、北上、摂津、矢風、明石	浦上丸、山彦丸、八海丸、愛国丸、清澄丸、神風丸、朝日丸、高砂丸、氷川丸、天応丸、牟婁丸、山鳩丸、護国丸	
		第7駆逐隊	曙、潮、漣、矢風、摂津		
		運送艦	間宮、伊良湖、早埼、白埼、鳴戸、鶴見、早鞆、足摺、風早、野島		
第1艦隊					清水光美中将（36）
	第2戦隊		長門、陸奥、扶桑、山城		第一艦隊司令長官直率
	第11水雷戦隊		龍田、新月、玉波（※2）		醍醐忠重少将（40）
		第6駆逐隊	雷、電、響		
	第11潜水戦隊		伊37、伊38、呂35、呂104、呂105	筑紫丸	石崎　昇少将（42）
	附属		宿毛航空隊		青山茂雄大佐（48）
第2艦隊					近藤信竹中将（35）
	第4戦隊		高雄、愛宕、摩耶		第二艦隊司令長官直率
	第5戦隊		羽黒、妙高		大森仙太郎少将（41）
	第2水雷戦隊		神通		伊崎俊二少将（42）
		第15駆逐隊（6/20解隊）	黒潮、親潮、早潮、陽炎		
		第24駆逐隊	海風、江風、涼風		
		第31駆逐隊	長波、巻波、大波、清波		
	第4水雷戦隊		長良		高間　完少将（41）
		第2駆逐隊（7/1解隊）	五月雨、春雨		
		第27駆逐隊	有明、夕暮、時雨、白露		
第3艦隊					小沢治三郎中将（37）
	第1航空戦隊		翔鶴、瑞鶴、瑞鳳		第三艦隊司令長官直率
	第2航空戦隊		飛鷹、隼鷹		角田覚治中将（39）
	第3戦隊		金剛、榛名		栗田健男中将（38）
	第7戦隊		鈴谷、熊野		西村祥治少将（39）
	第8戦隊		利根、筑摩		岸　福治少将（40）
	第10戦隊		阿賀野		小柳富次少将（42）
		第4駆逐隊	野分、嵐、萩風、舞風		
		第10駆逐隊	秋雲、夕雲、風雲		
		第16駆逐隊	初風、雪風、天津風		
		第17駆逐隊	谷風、浦風、浜風、磯風		
		第61駆逐隊	秋月、涼月、初月		
	第50航空戦隊		鳳翔、龍鳳、夕風 鹿屋航空隊、築城航空隊		酒巻宗孝少将（41）
	附属		大淀		

●実戦航空隊の呼称が番号冠称となる

海軍航空隊の名称は大正5（1916）年に横須賀海軍航空隊が創設されて以来、設置された土地に由来するものであり、太平洋戦争が始まって外地に長期展開するようになっても、根拠となる航空基地の管理をしなければならなかった。

そのため、昭和17年11月に部隊名を3桁の数字（輸送機隊は4桁）で表すように変更し、航空基地の管理を手放す空地分離を実施した（一部の部隊ではこれに先駆けて改称していた）。

これにより、外戦の航空部隊の名はすべて番号で表記されるようになり、地名を冠するものは横須賀海軍航空隊や呉海軍航空隊、佐世保海軍航空隊など鎮守府直轄部隊と、練習航空隊という棲みわけになった。

これに伴い、これまで1〜2桁の番号で部隊名が表記されていた特設航空隊も同様に3桁の部隊名に変更されている。

第4艦隊					小林　仁中将（38）
			鹿島		
	第14戦隊		那珂、五十鈴		伊藤賢三少将（41）
	第3特別根拠地隊			生田丸 第67警備隊	
	第4根拠地隊		第31、32、33号駆潜艇	高栄丸、第2号長安丸、第2号長江丸、平壌丸、第57駆潜隊 第41、42、43警備隊 第902海軍航空隊 第85潜水艦基地隊 第3、4通信隊 第4港務部	
		第31駆潜隊	第10、11、12号駆潜艇		
	第5特別根拠地隊			勝泳丸、昭徳丸 第60駆潜隊 第54警備隊 第5通信隊	
	第6根拠地隊			香取丸、光島丸、大同丸 第16掃海隊 第63、65駆潜隊 第61、62、63、64、65警備隊 第952海軍航空隊 第6潜水艦基地隊 第6通信隊	
	第2海上護衛隊		隠岐、鵯、鴻、追風、朝凪、夕月	長運丸	武田盛治少将（38）
	附属		常磐、筑紫	佐世保鎮守府第7特別陸戦隊 第111設営隊 第1測量隊	
		運送艦	杵埼、石廊、知床		
第5艦隊					河瀬四郎中将（38）
	第21戦隊		那智、多摩、木曽		第5艦隊司令長官直率
	第22戦隊			粟田丸、浅香丸、赤城丸、昭興丸、新京丸、神津丸	久保九次少将（38）
		第1監視艇隊		浮島丸、第10福栄丸、監視艇32隻	
		第2監視艇隊		安州丸、第2日の丸、監視艇33隻	
		第3監視艇隊		第1雲洋丸、興和丸、監視艇33隻	
	第1水雷戦隊		阿武隈		森　友一少将（42）
		第9駆逐隊	朝雲、白雲、薄雲		
		第21駆逐隊	初春、初霜、若葉		
	第51特別根拠地隊			第5警備隊 第452海軍航空隊 第51通信隊	
	附属		白埼	君川丸、明石山丸、帝洋丸、朝山丸、白帝丸、快鳳丸、俊鶻丸 第32防空隊 第30設営隊	
		第7潜水隊	伊2、伊5、伊6、伊7		
第6艦隊					小松輝久中将（37）
			香取		
	第1潜水戦隊		伊9	平安丸	古宇田武郎少将（41）
		第2潜水隊	伊17、伊19、伊25、伊26		
		第15潜水隊	伊31、伊32、伊34、伊35、伊36		
	第3潜水戦隊		伊11	靖国丸	駒沢克己少将（42）
		第12潜水隊	伊168、伊160、伊171、伊174、伊174、伊175、伊176		
		第22潜水隊	伊177、伊178、伊180		
	第8潜水戦隊		伊10	日枝丸	石崎　昇少将（42）
		第1潜水隊	伊16、伊20、伊21、伊24		
		第14潜水隊	伊8、伊27、伊29		
	附属	運送艦	隠戸		

隊名は3桁目の数字が機種を、2桁目の数字が所轄の鎮守府を、1桁目の数字が常設航空隊か特設航空隊かの違いを表していた。右表を参考にされたい。

なお、常設航空隊の名称には本来「海軍」の2文字が入るが、本書の編制表では省略している。

■番号付与の基準

100の位		10の位		1の位
1	偵察機	0	横須賀鎮守府	奇数：常設航空隊
2	甲戦闘機	1		偶数：特設航空隊
3	乙戦闘機	2		
4	水上機	3	呉鎮守府	
5	艦爆・艦攻	4		
6	空母飛行機隊	5		
7	陸攻隊	6	佐世保鎮守府	
8	飛行艇隊	7		
9	対潜哨戒隊	8	舞鶴鎮守府	
10	輸送機隊	9		

■航空隊の旧名称と新名称の例

旧称		新呼称
台南海軍航空隊	→	第251海軍航空隊
鹿屋海軍航空隊	→	第751海軍航空隊
千歳海軍航空隊	→	第703海軍航空隊
元山空海軍航空隊	→	第755海軍航空隊（陸攻）
	→	第252海軍航空隊（戦闘機）
第1航空隊	→	第752海軍航空隊
第2航空隊	→	第582海軍航空隊
第3航空隊	→	第202海軍航空隊
第6航空隊	→	第204海軍航空隊
第14航空隊	→	第802海軍航空隊

方面艦隊	艦隊	戦隊・部隊	隊	艦艇	付属部隊	指揮官
南東方面艦隊						草鹿任一中将（37）
	第8艦隊					三川軍一中将（38）
				鳥海、青葉、夕張		
		第3水雷戦隊		川内		橋本信太郎少将（41）
			第11駆逐隊	初雪、夕霧、天霧		
			第22駆逐隊	皐月、水無月、文月、長月		
			第30駆逐隊	望月、卯月、三日月		
		第7潜水戦隊		長鯨、呂34 呂100、101、102、103、106、107		玉木留次郎大佐（45）
			第13潜水隊	伊121、伊122		
		第1根拠地隊		第15、22号掃海艇	第84警備隊 第1通信隊 第1衛所隊 佐世保鎮守府第6特別陸戦隊	
			第32駆潜隊			
		第2特別根拠地隊		白鷹、第32、34号駆潜艇	第2衛所隊 第2通信隊 第12港務部	
		第7根拠地隊			第82警備隊、第85通信隊	
			第23駆潜隊			
		第8根拠地隊		第20、21号掃海艇	日海丸、静海丸 第81、83警備隊 第8通信隊 第8港湾部	
			第21駆潜隊	第16、17、18号駆潜艇		
			第24駆潜隊			
		第8連合特別陸戦隊			呉鎮第6特陸、横鎮第7特陸	
		附属		津軽、宗谷、夕凪	第958航空隊 呉鎮守府第7特別陸戦隊、佐世保鎮守府第5特別陸戦隊 第4測量隊	
	第11航空艦隊					南東方面艦隊司令長官直率
		第22航空戦隊		第753航空隊	第252航空隊	
		第24航空戦隊		第201航空隊	第552航空隊、第752航空隊	
		第25航空戦隊		第251航空隊、第801航空隊	第702航空隊	
		第26航空戦隊		第705航空隊	第204航空隊、582航空隊	
		附属		秋風、太刀風、秋津洲	最上川丸、りおん丸、慶洋丸、名古屋丸、五洲丸、富士川丸	
					國川丸、神川丸（旧11航戦）	
南西方面艦隊						高須四郎中将（35）
		第1海上護衛隊		汐風、帆風、春風、松風、鷺、隼、朝顔、芙蓉、苅萱、若竹、呉竹、早苗、松輪、佐渡、第2、36、39号哨戒艇	華山丸、北京丸、長寿山丸	中島寅彦中将（39）
		第21航空戦隊		第253航空隊、第751航空隊		市丸利之助少将(41)
		第23航空戦隊		第753航空隊	第202海軍航空隊	竹中龍造少将(39)
		附属		神威 第851航空隊	りおでじゃねろ丸	
			第19駆逐隊	磯波、浦波、敷波		
			第30潜水隊	伊162、伊165、伊166		
	第1南遣艦隊					大川内伝七中将（37）
				香椎		
		第9根拠地隊		初鷹、永興丸	第91駆潜隊 第11潜水艦基地隊	
			第11駆潜隊	第7、8、9号駆潜艇		
		第10根拠地隊		第7号掃海艇	長沙丸 第44掃海隊 第10通信隊 第10港務部	
		第11特別根拠地隊		第19、20、21号駆潜艇	永福丸 第11通信隊	
		第12特別根拠地隊		鴻	江祥丸 第41掃海隊 第12通信隊	
		附属		勝力、占守	第936海軍航空隊 第3測量隊	
	第2南遣艦隊					岩村清一中将（37）
				足柄、厳島		
		第16戦隊		名取、鬼怒、球磨		志摩清英少将（39）)
		第21特別根拠地隊		第8、11、12号掃海艇、第1、2、3号駆潜艇	第932海軍航空隊 第21通信隊 第21潜水艦基地隊 第1港務部	
		第22特別根拠地隊		第16号掃海艇、第4、5、6号駆潜艇	第2警備隊 第2港務部	

		第23特別根拠地隊		蒼鷹	新興丸 第54駆潜隊 第3警備隊 第6警備隊	
		第24特別根拠地隊		友鶴、雉	第934海軍航空隊 第4警備隊 第24通信隊	
		第25特別根拠地隊		若鷹	第125駆潜隊 第25通信隊	
		附属			聖川丸、萬洋丸、億洋丸、大興丸 第24設営隊	
	第3南遣艦隊					大田泰治中将（37）
		直率		八重山		
		第32特別根拠地隊			武昌丸	
		附属		唐津、第103号哨戒艇	木曽丸、阿蘇丸 第31警備隊 第31通信隊 第954海軍航空隊	
支那方面艦隊						吉田善吾大将（32）
	第1遣支艦隊			宇治、安宅、勢多、堅田、比良、保津、熱海、二見、伏見、隅田		
		附属			漢口警備隊、九江警備隊	
	第2遣支艦隊			嵯峨、橋立、須磨、鵲、初雁		
		香港方面特別根拠地隊			香港港務部 広東警備隊	
		厦門方面特別根拠地隊				
		附属		南陽		
	海南警備府				海南警備府 横鎮第4特別陸戦隊 舞鎮第1特別陸戦隊、佐鎮第8特別陸戦隊 第15、16警備隊	
	附属			出雲、多々良	白沙 支那方面艦隊附属航空隊	
			上海方面根拠地隊	鳥羽、栗、梅、蓮	第1、2、13、14砲艇隊 舟山島警備隊、南京警備隊 上海港務部	
			青島方面特別根拠地隊		首里丸、日本海丸	
			上海海軍特別陸戦隊			
			運送艦	野埼		
横須賀鎮守府						豊田副武大将（33）
				駒橋、満潮、山雲、沢風、旗風、真鶴、千鳥 横須賀航空隊、館山航空隊、第281航空隊	でりい丸 横須賀第1、2海兵団 横須賀潜水艦基地隊 横須賀海軍港務部 横須賀海軍通信隊 横鎮第1特別陸戦隊、舞鎮第4特別陸戦隊	
			第6潜水隊	呂57、呂58、呂59		
		横須賀海軍警備隊				
		横須賀防備戦隊		第26号掃海艇、第13、14、15、40、41号駆潜艇、第101号哨戒艇	笠置丸、吉田丸、京津丸、第2号日吉丸	
			第1掃海隊		第25、26掃海隊、他	
			横須賀防備隊			
		父島方面特別根拠地隊		父島軍航空隊	まがね丸、江戸丸 第17掃海隊 父島海軍通信隊	
		第11連合航空隊		霞ヶ浦航空隊、筑波航空隊、谷田部航空隊、百里原航空隊、名古屋航空隊、鹿島航空隊、北浦航空隊、大津航空隊		
		第13連合航空隊		大井航空隊、鈴鹿航空隊		
		第18連合航空隊		相模野航空隊、追浜航空隊		
		第19連合航空隊		土浦航空隊、三重航空隊、鹿児島航空隊		
佐世保鎮守府						南雲忠一中将（36）
				野登呂、峯風 佐世保航空隊	富津丸、宮津丸、川北丸、桂丸 佐世保第1・2海兵団 佐世保潜水艦基地隊 佐世保海軍港務部 佐世保海軍通信隊	
		佐世保海軍警備隊				
		佐世保防備戦隊	佐世保防備隊	佐多、第38号哨戒艇	第2日正丸、第43掃海隊 大島防備隊	

呉鎮守府					高橋伊望中将（36）
			八雲、磐手、迅鯨、呂31 呉航空隊、佐伯航空隊、岩国航空隊	山霜丸、山陽丸 呉海兵団、大竹海兵団 呉潜水艦基地隊 呉海軍港務部、徳山海軍港務部 呉海軍通信隊	
		第18潜水隊（※4）	伊153、伊154、伊155		
		第19潜水隊	伊156、伊157、伊159、伊158		
		第26潜水隊	呂62、呂67		
		第33潜水隊	呂63、呂64、呂68		
	呉海軍警備隊				
	呉防備戦隊		鳩、第35、36号駆潜艇、第17、18号掃海艇、第31、34、46号哨戒艇	西貢丸、盤谷丸 第31、33、34掃海隊 下関防備隊	
		佐伯防備隊	夏島、那沙美、黒神、片島、怒和島、由利島、釣島		
	第12連合航空隊		大分航空隊、宇佐航空隊、博多航空隊、大村航空隊、徳島航空隊、小松島航空隊、出水航空隊		
舞鶴鎮守府					新見政一中将（36）
	舞鶴鎮守府		第23、24号掃海艇 舞鶴航空隊	第35掃海隊 舞鶴海兵団 舞鶴防備隊 舞鶴海軍工務部 舞鶴海軍通信隊	
	舞鶴海軍警備隊				
高雄警備府					高木武雄中将（39）
	高雄警備府		長白山丸	第45掃海隊 高雄海軍港務部 高雄海軍通信隊	
	第14連合航空隊		高雄航空隊、新竹航空隊、黄海航空隊、台南航空隊		
	馬公方面特別根拠地隊				
大湊警備府					井上保雄中将（38期）
	大湊警備府		大泊 大湊航空隊	千歳丸 第27、28掃海隊 大湊防備隊 大湊海軍港務部 大湊海軍通信隊 第41航空基地隊	
		第1駆逐隊	野風、沼風、波風、神風		
	千島方面特別根拠地隊		国後、八丈、石垣	第2号新興丸 幌筵通信隊	
鎮海警備府					後藤英次中将（37期）
	鎮海警備府		鎮海航空隊	香港丸、第16日正丸 第48、49掃海隊 鎮海防備隊 鎮海海軍港務部 鎮海海軍通信隊	
	旅順方面特別根拠地隊		壽山丸		
	羅津方面特別根拠地隊		白海丸	羅津通信隊	
大阪警備府部隊					牧田覚三郎中将（38期）
	大阪警備府	紀伊防備隊	串本航空隊	那智丸 第32掃海隊 大阪通信隊	
◎海軍省					
		運送艦	尻矢、佐多、大瀬、室戸		

※1：山本大将は4/18に戦死し、4/21に横鎮長官であった古賀峯一大将が連合艦隊司令長官となる。
※2：玉波は4/30竣工と同時に編入。
※3：第15駆逐隊は所属艦が全て戦没（早霜／S17.11.24空襲。黒潮、親潮、陽炎／S18.5.8触雷）したため解隊。
※4：第18潜水隊以下は実戦に耐えない旧式潜水艦で、やがて2代目呉潜水戦隊を構成し、海軍潜水学校の練習教務に就く。

戦争継続のための体制作り

予想に反して短期決戦による戦争終結をなしえなかった日本陸海軍は、昭和18（1943）年2月にガダルカナルからの撤収を実施すると、それ以西のソロモン諸島の防備強化と、ニューギニア北岸の各地域の拠点確保に注力することとなった。

しかし、八十一号作戦として2月28日にラバウルを出航したニューギニアへの増援船団は、ダンピール海峡を行動中の3月3日に連合国空軍の空襲を受けることとなり、零戦隊の奮戦もむなしく輸送船8隻全てを撃沈され、直衛の第3水雷戦隊の駆逐艦も4隻撃沈されてしまう。

こうした状況から連合艦隊は4月上旬に空母飛行機隊をソロモン方面の基地航空戦に投入して一気に敵航空兵力の撃滅を図る「い」号作戦を実施し、4月7日から14日にかけてソロモン諸島やニューギニアへの攻撃を行ない、4月15日付けで戦時編制の改定を実施した。

改定された編制を順にみていくと、ま

▲太平洋戦争は航空主兵の戦いであり、それまで連合艦隊の中央にどっかり座っていた戦艦は活躍の機会を失なった。写真は昭和13年に撮影された「山城」(手前)と「扶桑」だが、この2艦も練習戦艦的な使われ方で大戦中盤を過ごす。改扶桑型と分類される「伊勢」と「日向」は昭和17年12月から航空戦艦への改装工事に入った。

ず「連合艦隊」附属兵力に「日向」の名がみえる。これはいわゆる“ミッドウェーショック”により大型艦を手当たり次第に空母へ改装しようという考えから遊兵となっていた「伊勢」「日向」がその対象に選ばれ、航空戦艦への改装準備に入ったためだ。先に昭和17年12月に呉海軍工廠で改装に入った「伊勢」の名はいったん編制表から削除されている。

同じく連合艦隊附属兵力に名前がある「大鷹」は特設空母「春日丸」を改称したもので、同じく日本郵船の「新田丸」、「八幡丸」を改造した「雲鷹」「冲鷹」の名も見える。これらは主に消耗激しい南東方面向けの陸海軍飛行機を格納庫や飛行甲板に満載し、中間拠点であるトラック島への飛行機輸送艦として運行されていた(ラバウルやカビエンまで行くのは危険)。

かつて戦艦部隊として隆盛を誇った「第1艦隊」は「長門」以下戦艦4隻があるが形骸的なもので、もはや練習戦艦的な位置づけとなっていた。このうち「陸奥」は6月8日に謎の爆沈を遂げる。

この第1艦隊には4月1日付けで新編された「第11水雷戦隊」と「第11潜水戦隊」が加えられている。このナンバー“11”の戦隊は、それぞれ竣工したばかりの新造の軽巡洋艦や駆逐艦、潜水艦をいったん所属させ、乗員たちの完熟訓練の面倒をみたり、初期不良の改善を図るための組織であった。第11潜水戦隊はそれまでの「呉潜水戦隊」を改変したものだ。

「第2艦隊」からは第7戦隊が除かれて「第3艦隊」に増強されている。

空母機動部隊の根幹をなす「第3艦隊」は第10戦隊旗艦に新鋭軽巡洋艦の「阿賀野」が就任、艦隊防空艦として建造された秋月型駆逐艦による「第61駆逐隊」が編制されている。「第50航空戦隊」は空母飛行機隊用の補充搭乗員を養成するためのもので「鹿屋航空隊」と「築城航空隊」がその実務航空隊として名を連ね、発着艦訓練用の空母「鳳翔」「龍鳳」も加わっている。

細かな増減はあるが「第4艦隊」の体制は大きく変わらず、「第5艦隊」には「第1水雷戦隊」が編入され、潜水艦部隊である「第6艦隊」は作戦輸送で所属の潜水艦を失いつつも新鋭艦が続々と加わった。

「南東方面艦隊」は先立つこと昭和17年12月24日付けで「第8艦隊」と「第11航空艦隊」とを統括するものとして設置されたもの。その司令長官は草鹿任一中将が第11航空艦隊司令長官と兼務していた。名前の通り、ソロモン諸島と東部ニューギニア方面という2局面で連日激戦を続ける、最も過酷な部隊であった。

その麾下の第8艦隊「第7潜水戦隊」に配属されている100番台の呂号潜水艦は「小型」と分類される近海防衛用の潜水艦で、ちょうどドイツのUボートⅦ型と同様なサイズであった。従来、潜水戦隊司令部は作戦の際に旗艦潜水艦に乗艦して指揮を執っていたが、この呂号潜水艦には余積がなく、将旗を恒常的に陸上に掲げることとなった経緯がある。これが実績となり、以後、他の潜水戦隊も司令部を陸上に設けるようになっていく。

内地から東シナ海、フィリピン、シンガポールに至る海上航路の護衛を担当する「第1海上護衛隊」は「南西方面艦隊」の直属となり、艦艇もいくぶん増勢されているが、欧米の護送船団に比べれば微弱な兵力のままといえる。これはシーレーン防衛の軽視というよりも、作戦正面で戦うのにせいっぱいで、こちらにまで手を回せないというのが実状であった。

こうした一方で鎮守府部隊では航空兵力拡充のための搭乗員や整備員の養成に注力しており、多くの練習航空隊やそれを統括する連合航空隊が編成されていることがわかる。

「横須賀鎮守府」の例を見てみると、「第11連合航空隊」麾下の各航空隊は中間練習機や実用機の操縦(パイロット)教育を、「第13連合航空隊」のそれは偵察員(いわゆるナビゲーター)教育を、「第18連合航空隊」は整備員教育を、そして「第19連合航空隊」は飛行予科練習生たちの地上教育を担当するものであった。

なお、呉鎮守府部隊の「第12連合航空隊」の麾下にあるものはすべて操縦教育担当の航空隊である。

日本海軍は人を育てることを怠ったと評する向きがあるが、むしろ日本海軍ほど教育に気を使った組織はない。それが飛行機搭乗員にせよ水上艦艇にせよ、運用に高い能力が求められていたからで、予想をはるかに上回る消耗に、補充が追いつかなかったのである。

こうした新体制で継戦能力の維持を図った日本海軍であったが、「い」号作戦終了直後の4月18日、ブイン、バラレ方面の戦場視察に出掛けた山本五十六連合艦隊司令長官が戦死するという衝撃が走る。

すでに国力の限界をきたしていた戦線はその後、坂道を転げ落ちるように一気に敗戦へと傾いていく。

(吉野)

042 「ケ」号作戦（キスカ島撤収）

■第1回出撃時、「北方部隊命令作第19号」による軍隊区分

区分	指揮官		艦隊編制上の所属			兵力	任務
巡洋艦部隊	1水戦司令官		第5艦隊	第1水雷戦隊		阿武隈	撤収員収容
				第21戦隊		木曽	
収容駆逐隊		第10駆逐隊司令	第3艦隊	第10戦隊	第10駆逐隊	夕雲、風雲、秋雲	撤収員収容
			第1艦隊	第11水雷戦隊	第6駆逐隊	響	
				第1水雷戦隊	第9駆逐隊	朝雲、薄雲	
警戒駆逐隊		第21駆逐隊司令	第5艦隊	第1水雷戦隊	第21駆逐隊	若葉、初霜	護衛警戒、要すれば応急収容
			第1艦隊	第11水雷戦隊		島風	
			第2艦隊	第2水雷戦隊	第31駆逐隊	長波	
						五月雨（※）	
補給隊		日本丸監督官				日本丸	補給、要すれば応急収容
			大湊警備府	千島方面特別根拠地隊		国後	
応急収容隊		粟田丸艦長	第5艦隊	第22戦隊		粟田丸	応急収容

◆本表は「第1軍隊区分」で、全艦が撤収隊となる「第2軍隊区分」も発令されていた。
※「五月雨」の所属していた第2駆逐隊は7/1に解隊され、以後しばらくの間は「島風」のように第2水雷戦隊に直接属するかたちとなった。

■第2回出撃時、「北方部隊命令作第20号」による軍隊区分

区分		指揮官			艦隊編制上の所属			兵力	任務
主隊		5艦隊司令長官			第5艦隊	第21戦隊		多摩	全作戦支援
収容隊			1水戦司令官		第5艦隊	第1水雷戦隊		阿武隈	撤収員収容
						第21戦隊		木曽	
				第10駆逐隊司令	第3艦隊	第10戦隊	第10駆逐隊	夕雲、風雲、秋雲	
					第1艦隊	第11水雷戦隊	第6駆逐隊	響	
					第5艦隊	第1水雷戦隊	第9駆逐隊	朝雲、薄雲	
	第1警戒隊			第21駆逐隊司令	第5艦隊	第1水雷戦隊	第21駆逐隊	若葉、初霜	警戒、要すれば応急収容
					第2艦隊	第2水雷戦隊	第31駆逐隊	長波	
	第2警戒隊			島風駆逐艦長	第1艦隊	第11水雷戦隊		島風	
					第2艦隊	第2水雷戦隊		五月雨	
	補給隊			日本丸監督官				日本丸	補給、要すれば応急収容
					大湊警備府	千島方面特別根拠地隊		国後	

キスカ島撤収作戦の奇蹟〔S17.07.29〕

■第1次撤収の失敗

昭和17年6月、MI作戦とともに行なわれたAL作戦により日本陸海軍はアリューシャン列島のアッツ島とキスカ島を占領したが、およそその1年後となる昭和18年5月12日、アッツ島へアメリカ地上軍が上陸、17日間に及ぶ激闘の末、日本守備隊が玉砕する。これが、味方部隊の全滅を「玉砕」と称した最初である。

本土に近いアッツ島が奪還されたことは、キスカ島が挟み撃ちに遭うことを意味していた。すでにアムチトカ島からの敵の空襲も激化、近い将来でのキスカ島への上陸が予想されるようになると、大本営はキスカ島将兵の撤収を決定。連合艦隊は潜水艦による隠密撤収を開始した。しかし、撤収へ赴いた潜水艦が未帰還となるなど、損害が続出したわりに輸送できた将兵の数は少なく、水上艦艇を投入しての一挙撤収が策定される。

この頃、北方に展開する「第5艦隊」には「第1水雷戦隊」が増勢されていたが、それでも兵力ではキスカ島周辺を行動していると思われるアメリカ艦隊に太

刀打ちできないと判断され、濃霧に紛れて島に突入し、急ぎ将兵を収容して離脱を図る計画が立案された。

これが「ケ」号作戦である。作戦部隊指揮官には第1水雷戦隊司令官の木村昌福少将が抜擢された。木村少将はこの年の3月3日に、第3水雷戦隊司令官として「第八十一号作戦」に携わった際、猛烈な空襲により輸送船8隻を沈められたほか、麾下の駆逐艦4隻を失った苦い経験をしており、自身もその時の負傷から全快したばかりであった。なお、作戦名称はガダルカナル撤収作戦と同様で、捲土重来（再びこの地に帰ってくること）を期して冠せられたものである。

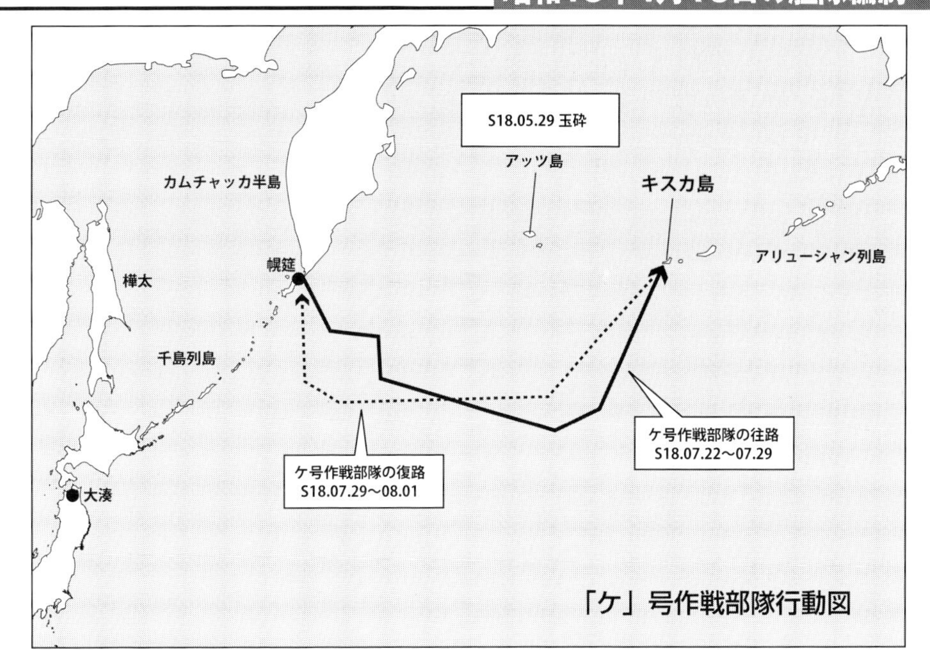

「ケ」号作戦部隊行動図

「北方部隊命令作第19号」による軍隊区分では水雷部隊が収容隊となり、「巡洋艦部隊」の「阿武隈」「木曾」が撤収員収容、「収容駆逐隊」として第9駆逐隊「朝雲」「薄雲」と第10駆逐隊「夕雲」「風雲」「秋雲」と「響」も撤収員収容にあたり、「警戒駆逐隊」の第21駆逐隊「若葉」「初霜」、並びに「島風」「長波」「五月雨」は護衛警戒と必要があれば収容に携わるという任務が与えられた。これに補給隊として輸送艦「日本丸」とこれを護衛する「国後」、「応急収容隊」として「粟田丸」も同行する。

まだ竣工したばかりの「島風」は、新設された「第11水雷戦隊」で摺り合わせと乗員の慣熟訓練の段階にあったが、本作戦の“要”は霧に紛れることにあり、レーダーなどの電測兵器が不可欠となる。このため当時としてはまだ貴重な二二号対水上見張電探と三式超短波受信機（逆探）を装備した「島風」を木村少将が熱望、これが容れられてここへ派遣されていたのである。

しかし、7月7日に出撃した艦隊は、霧が晴れたためにキスカ島への突入を断念、まさしく捲土重来を期して幌筵へ帰投した。

■第5艦隊司令部が督戦に同行

引き返してきた木村司令官へ対する第5艦隊や連合艦隊からの風当たりは相当に強かったが、本人は意に介さず、新たな霧の発生が予報されると「北方部隊命令作第20号」により編成された撤収部隊を7月22日夜に再出撃させる。

この時の区分は「警戒隊」が「第1警戒隊」と「第2警戒隊」に分けられているが、その任務は前回同様とされていた。第1警戒隊が第21駆逐隊「若葉」「初霜」と「長波」、第2警戒隊が「島風」「五月雨」という編成である。

また、今度は第5艦隊司令長官河瀬四郎中将と司令部幕僚たちが「多摩」に将旗を掲げて「主隊」として随伴、全作戦支援にあたることとなっている。これは“督戦”の意味合いが強く、今度こそ作戦を成功させるべく河瀬司令長官が決心したものと伝えられる。なお燃料の関係で「粟田丸」は待機となった。その他は前回と同様である。

この第2次撤収作戦は濃霧をついて7月29日にキスカ島へ無事到着、全島の将兵を収容し、参加艦艇が1隻も損なわれることなく帰還、「奇跡の作戦」と賞賛されるほど完璧な成功を収めた。もちろん、木村司令官は汚名返上がかなった。

撤収部隊の基幹となる「第5艦隊」はその後、レイテ沖海戦に「第2遊撃部隊（志摩艦隊）」として参加、戦力を消耗することになる。

（松田）

◀木村少将率いる「ケ」号作戦部隊は、昭和18年7月29日にキスカ島へ突入、守備隊の将兵を収容してすぐさま離脱した。写真は七夕湾における「阿武隈」（右）と「木曽」。作戦は天佑とも言える濃霧をついての実施となったが、その幸運を引き寄せたのは、作戦遂行のためには自身に対する批判もなんのそのという木村少将の胆力によるところが大きかった。

05. 昭和18年9月1日の艦隊編制

051 連合軍の反攻が本格化する

〈艦隊〉	〈戦隊〉	〈隊〉	〈艦艇・航空隊〉	〈特設艦艇・特設航空隊・陸上部隊〉	司令官
連合艦隊					古賀峯一大将（34）
	第1戦隊		武蔵、大和		連合艦隊司令長官直率
	第1連合通信隊		東京海軍通信隊	大和田通信隊	
	附属		大鷹、雲鷹、沖鷹、日進（※1）、摂津、矢風、明石	愛国丸、護国丸、清澄丸、神風丸、山彦丸、朝日丸、高砂丸、牟婁丸、山雷丸、氷川丸、天應丸、浦上丸、八海丸	
		第7駆逐隊	曙、漣、潮		
第1艦隊					清水光美中将（36）
	第2戦隊		長門、扶桑、山城、伊勢		第1艦隊司令長官直率
	第11水雷戦隊		龍田		木村　進少将（40）
		第6駆逐隊	雷、電、響		
		第32駆逐隊	早波、涼波、藤波		
	第11潜水戦隊		伊40、伊179（※2）、伊185、呂37、呂38、呂42、呂110、呂111	筑紫丸	醍醐忠重少将（40）
	附属		宿毛航空隊		青山茂雄大佐（48）
第2艦隊					栗田健男中将（38）
	第4戦隊		愛宕、高雄、摩耶、鳥海		第2艦隊司令長官直率
	第5戦隊		妙高、羽黒		大森仙太郎少将（41）
	第2水雷戦隊		能代、玉波、島風、五月雨		高間　完少将（41）
		第24駆逐隊	海風、涼風		
		第27駆逐隊	白露、時雨（※3）		
		第31駆逐隊	長波、巻波、大波		
第3艦隊					小沢治三郎中将（37）
	第1航空戦隊		瑞鶴、翔鶴、瑞鳳		第3艦隊司令長官直率
	第2航空戦隊		隼鷹、飛鷹、龍鳳		城島高次少将（40）
	第3戦隊		金剛、榛名		鈴木義尾中将（40）
	第7戦隊		熊野、鈴谷、最上		西村祥治少将（39）
	第8戦隊		利根、筑摩		岸　福治少将（40）
	第10戦隊		阿賀野		大杉守一少将（41）
		第4駆逐隊	野分、舞風		
		第10駆逐隊	秋雲、夕雲、風雲		
		第16駆逐隊	初風、雪風、天津風（修理中）		
		第17駆逐隊	浦風、谷風、磯風、浜風		
		第61駆逐隊	秋月（修理中）、初月、涼月		
	第50航空戦隊		鳳翔、夕凪 鹿屋航空隊、築城航空隊		上阪香苗少将（43）
	附属		大淀		
第4艦隊					小林　仁中将（38）
			鹿島		
	第14戦隊		那珂、五十鈴		伊藤賢三少将（41）
	第22航空戦隊				
	第3特別根拠地隊				
	第4根拠地隊		第32、33号駆潜艇	高栄丸、平壌丸、第2号長江丸、第2号長安丸 第902航空隊	
		第32掃海隊		第29、30、28号駆潜艇	
	第5特別根拠地隊				
	第6根拠地隊		杵埼 第952航空隊	立山丸、五隆丸、男鹿島丸、香取丸	
	第2海上護衛隊		夕月、追風、朝凪、隠岐、福江、六連、鵯、鴻	長運丸	武田盛治少将（38）
	附属			横須賀鎮守府第2特別陸戦隊、佐世保鎮守府第7特別陸戦隊 第6、43防空隊、第111、221設営隊	
		輸送艦	石廊、知床、宗谷	日豊丸、地洋丸、神津丸、第18御影丸、三江丸、湊丸、北上丸、第2南海丸	

北東方面艦隊						戸塚道太郎中将（38）
	第5艦隊					河瀬四郎中将（38）
		第21戦隊		那智、多摩、木曽		第5艦隊司令長官直率
		第22戦隊			粟田丸、赤城丸、浅香丸、昭興丸、新京丸、神津丸 第1、2、3監視隊	久保九次少将（38）
		第1水雷戦隊		阿武隈		木村昌福少将（41）
			第9駆逐隊	朝雲、薄雲、白雲、霞		
			第21駆逐隊	初春、若葉、初霜		
		附属	第7潜水隊	伊2、伊5、伊6		岡田有作大佐（47）
					君川丸、第36共同丸	
	第12航空艦隊					北東方面艦隊司令長官直率
		第24航空戦隊		第531航空隊	第752航空隊	
		第27航空戦隊		第281航空隊、第801航空隊	第452航空隊	
		第51航空戦隊		豊橋航空隊、厚木航空隊	第502航空隊（9/15新編）	
		附属			第41航空基地隊 幌筵通信隊 第9、42（9/20新編）、61防空隊（9/5新編） 第5気象隊	
		千島根拠地隊				
第6艦隊						高木武雄中将（39）
				香取		
		第1潜水戦隊			平安丸	古宇田武郎少将（41）
			第1潜水隊	伊16、伊20、伊21		
			第2潜水隊	伊32、伊34、伊35、伊36、伊38		
		第3潜水戦隊		伊11	靖国丸	駒沢克己少将（42）
			第12潜水隊	伊169、伊171、伊174、伊175、伊176		
			第22潜水隊	伊177、伊178、伊180、伊181、伊182（※4）		
		第8潜水戦隊		伊8、伊10	日枝丸	市岡　寿少将（42）
			第14潜水隊	伊27、伊28、伊29、伊37、伊39		
		附属		呂35、呂36		
南東方面艦隊						草鹿任一中将（37）
	第8艦隊					鮫島具重中将（37）
				青葉、長良、夕張		
		第3水雷戦隊		川内		橋本信太郎少将（41）
			第11駆逐隊	夕霧、天霧		
			第22駆逐隊	水無月、文月、長月		
			第30駆逐隊	望月、卯月		
		第1根拠地隊				
		第2特別根拠地隊				
		第7根拠地隊				
		第8根拠地隊				
		第8連合特別陸戦隊			呉鎮守府第6特別陸戦隊、横須賀鎮守府第7特別陸戦隊	
		附属		新月（※5）、夕凪、松風、津軽、宗谷、筑紫	第938航空隊、第958航空隊 佐世保鎮守府第5特別陸戦隊、他	
	第11航空艦隊					南東方面艦隊司令長官直率
		第22航空戦隊		第755航空隊	第802航空隊、第252航空隊、第552航空隊	
		第25航空戦隊		第251航空隊、第253航空隊、第705航空隊、第751航空隊	第702航空隊	
		第26航空戦隊		第201航空隊、第501航空隊	第204航空隊、第582航空隊	
		附属		秋津洲（※6）、秋風、太刀風 第151航空隊	名古屋丸、最上川丸、りをん丸、慶洋丸、五洲丸、富士川丸 第18設営隊	
		第7潜水戦隊		長鯨		原田　覚少将（41）
			第51潜水隊	呂100、呂101、呂103、呂104、呂105、呂106、呂107（※7）、呂108、呂109		
		附属		第101航空基地隊	国川丸、王成丸、春島丸	

※1：日進は7/22、ブイン輸送中に空襲により沈没している。
※2：伊179は訓練中の7/14に事故により沈没。伊178とともに9/1付け削除
※3：10/1付けで第2水雷戦隊附属から五月雨を、11/30付けで第4予備駆逐艦となっていた春雨を編入。
※4：伊182は8/22トラックを出撃せるも、9/3米駆逐艦により撃沈（10/22亡失認定）。
※5：新月は7/6のクラ湾夜戦において沈没していた。
※6：秋津洲は9/3付けで連合艦隊附属となる。
※7：呂107は消息不明につき9/1付け削除。

南西方面艦隊						高須四郎大将（35期）
				足柄		
		第16戦隊		鬼怒、球磨、大井、北上		左近充尚正少将（40）
		第23航空戦隊		第753航空隊	第202航空隊	竹中龍造少将(39)
		第28航空戦隊		第331航空隊、第551航空隊、第851航空隊		小暮軍治少将(41)
		附属		神威	りおでじゃねろ丸	
			第19駆逐隊	浦波、敷波		
			第30潜水隊	伊162、伊165、伊166		
	第1南遣艦隊					田結　譲中将（39）
				香椎		
		第9特別根拠地隊				
		第10特別根拠地隊				
		第11特別根拠地隊				
		第12特別根拠地隊				
		附属		占守、勝力、伊29、伊27、雁	第936航空隊	
	第2南遣艦隊					三川軍一中将（38）
				厳島		
		第21特別根拠地隊			第932航空隊	
		第22特別根拠地隊				
		第23特別根拠地隊				
		第24特別根拠地隊				
		第25特別根拠地隊				
		附属		第102、104号哨戒艇	萬洋丸、大興丸、億洋丸 第934航空隊	
	第3南遣艦隊					岡　新中将（40）
				八重山		
		第32特別根拠地隊				
		附属		唐津、第103、105号哨戒艇	木曾丸 第954航空隊	
		第1海上護衛隊		汐風、帆風、朝風、呉竹、若竹、早苗、芙蓉、刈萱、朝顔、松輪、佐渡、択捉、対馬、若宮、鷲、隼、第2、36号哨戒艇	華山丸、北京丸、長寿山丸	井上保雄少将（38）
		第3連合通信隊			第10、21通信隊	
		附属			聖川丸 呉鎮守府第8特別陸戦隊	
横須賀鎮守府						
				駒橋、山雲、満潮、澤風、千鳥、真鶴、第101号哨戒艇 横須賀航空隊、館山航空隊、第1001航空隊	でりい丸 第1魚雷艇隊 横須賀第1、2海兵団 横須賀潜水艦基地隊 横須賀海軍港務部 横須賀海軍通信隊 横須賀海軍警備隊、南鳥島警備隊 横鎭第1特別陸戦隊	
			第6潜水隊	呂57、呂58、呂59		
		横須賀防備戦隊			第25、26掃海隊	
			第1掃海隊	第25、27号掃海艇、第14、40、42、44、47、48号駆潜艇	笠置丸、吉田丸、第2号日吉丸	
			横須賀防備隊			
			伊勢防備隊			
		父島方面特別根拠地隊	父島海軍航空隊		まがね丸、江戸丸 第17掃海隊	
		第11連合航空隊		霞ヶ浦航空隊、筑波航空隊、谷田部航空隊、百里原航空隊、名古屋航空隊、鹿島航空隊、北浦航空隊、大津航空隊		
		第13連合航空隊		大井航空隊、鈴鹿航空隊		
		第18連合航空隊		相模野航空隊、追浜航空隊、洲ノ崎航空隊		
		第19連合航空隊		土浦航空隊、三重航空隊、鹿児島航空隊		
佐世保鎮守府						
				千歳、野登呂、峯風 佐世保航空隊	佐世保第1、2海兵隊 佐世保潜水艦基地隊 佐世保海軍港湾部 佐世保海軍通信隊 佐世保海軍警備隊 第221設営隊	
		佐世保防備戦隊	佐世保防備隊	第38号哨戒艇	富津丸、第2日正丸	
					第43掃海隊 大島防備隊	

呉 鎮守府			八雲、磐手、迅鯨、春風、呂31、第15号掃海艇 呉航空隊、佐伯航空隊、岩国航空隊	山陽丸 呉海兵団、大竹海兵団 呉潜水艦基地隊 呉海軍港務部、徳山海軍港務部 呉海軍通信隊 呉海軍警備隊 第211設備隊	
		第18潜水隊	伊121、伊122、伊153、伊154、伊155		
		第19潜水隊	伊156、伊157、伊158、伊159		
		第26潜水隊	呂62、呂67		
		第33潜水隊	呂63、呂64、呂68		
	呉防備戦隊		壱岐、第17、18、33号掃海艇、第31、46号哨戒艇	西貢丸	
		佐伯防備隊		第31、33、34掃海隊	
	第20連合航空隊		大分航空隊、宇佐航空隊、博多航空隊、大村航空隊、徳島航空隊、小松島航空隊、出水航空隊、詫間航空隊		
舞鶴 鎮守府			第20、21、22号掃海艇 舞鶴航空隊	第35掃海隊 舞鶴海兵団 舞鶴防備隊 舞鶴海軍港務部 舞鶴海軍通信隊 舞鶴海軍警備隊	
高雄 警備府				長白山丸 第45掃海隊 高雄海軍港湾部 高雄海軍通信隊	
	馬公方面特別根拠地隊				
	第14連合航空隊		高雄航空隊、新竹航空隊、黄流航空隊、台南航空隊		
大湊 警備府			大泊、第15号駆潜艇 大湊航空隊	千歳丸、第2号新興丸 第27掃海隊 大湊海軍港湾部 大湊海軍通信部 第41航空基地隊 大湊潜水艦基地隊 大湊防備隊	
	千島方面根拠地隊		国後、八丈、石垣、第36号駆潜艇	第28掃海隊 第51警備隊	
		第1駆逐隊	野風、沼風、波風、神風		
	第52根拠地隊		常磐、第41、43号駆潜艇		
		第52掃海隊	第23、24掃海艇		
鎮海 警備府			鎮海航空隊	第16日正丸 第48、49掃海隊 鎮海防備隊 鎮海海軍港湾部 鎮海海軍通信隊	
	羅津方面特別根拠地隊		羅津通信隊		
	旅順方面特別根拠内隊		寿山丸		
大阪 警備府			串本航空隊	那智丸 第32掃海隊 紀伊防備隊 大阪通信隊	

絶対国防圏の設定と決戦体制の構築

昭和18（1943）年2月にガダルカナル島から日本軍が撤退し、4月18日に山本五十六連合艦隊司令長官が戦死したのちしばらくの間、連合軍は大きな動きを見せなかったが、6月30日にニュージョージア島攻略の足掛かりを得るためレンドバ島へ上陸を開始。7月5日にはニュージョージア島へと上陸し、8月5日には日本側が使用していた同島のムンダ飛行場を手に入れた。

コロンバンガラ島の防備が厚いと見たアメリカ軍は、8月15日、一足飛びに日本軍の防備が手薄なベララベラ島への上陸を開始し、大きな戦闘もなく同島を占領する。こうしてソロモン諸島全島を争奪する戦いが始まった。

この、日本側の防禦の厚いところを黙殺して周辺を制圧し、補給を途絶させることで無力化を図る戦略は以後、アメリカ側の常套手段となっていく。

ちょうど同じころ、アリューシャンで行なわれていたのが、アッツ島の攻防戦であり、7月29日にキスカ島からの撤収を無血のうちに成功させた「ケ」号作戦であった。

こうした状況のなか、日本海軍は8月5日から9月1日にかけて、順次、戦時編制の改定を実施した。

連合艦隊直率の艦船を見ると附属兵力に「日進」の名が見えるが、本艦はブーゲンビル島への増援輸送に従事中の7月22日に空襲により撃沈されており、書類上、名前だけが残った状態である。これで、日本海軍が建造した水上機母艦はすべて姿を消した（「千歳」「千代田」は空母へ改造中。艦種類別上は水上機母艦となっている「秋津洲」は、性質が異なるもの）。

「第1艦隊」はすでに明治時代以来の海戦の主役という立場から陥落して練習艦隊然としている。「第2戦隊」に航空戦艦への改装なった「伊勢」が復帰。しかし、当面は空母として使われる予定はなく、10月には「山城」とともに「第11水雷戦隊」の指揮下に入り、トラック島への物資輸送を実施する。改装中の「日向」はまだその名が掲載されていない。

巡洋艦戦隊を「第3艦隊」へ抽出した「第2艦隊」も重巡6隻と1個水雷戦隊（しかも駆逐隊は2隻編成）のみという淋しい状況だが、長らく「第8艦隊」にあった「鳥海」が「第4戦隊」に加わって、高雄型4隻がここにそろっている。

空母機動部隊の「第3艦隊」は第1航空戦隊、第2航空戦隊の空母6隻に、第3戦隊の戦艦「金剛」「榛名」、第7戦隊の「熊野」「鈴谷」「最上」、第8戦隊の「利根」「筑摩」の重巡5隻に第10戦隊という陣容。この編制を見るだけでも航空主兵が一目瞭然である。

やがて第8戦隊は昭和19年1月1日に解隊となり、「利根」「筑摩」は第7戦隊に編入される。この重巡洋艦たちは空母の護衛と、搭載水偵による索敵というふたつの重要な任務を担っている。敵を先に見つけることこそ、空母戦を有利に運ぶ重要なファクターであるという戦訓が活かされていた（ただし、マリアナ沖海戦では先に敵空母を発見した日本側が完敗している）。

トラックに司令部を置く「第4艦隊」は第14戦隊の「那珂」「五十鈴」を中核にマーシャルやギルバート諸島の防備強化に走りまわっていた。「第2海上護衛隊」には大戦型海防艦ともいえる「隠岐」「福江」「六連」が加わっている。

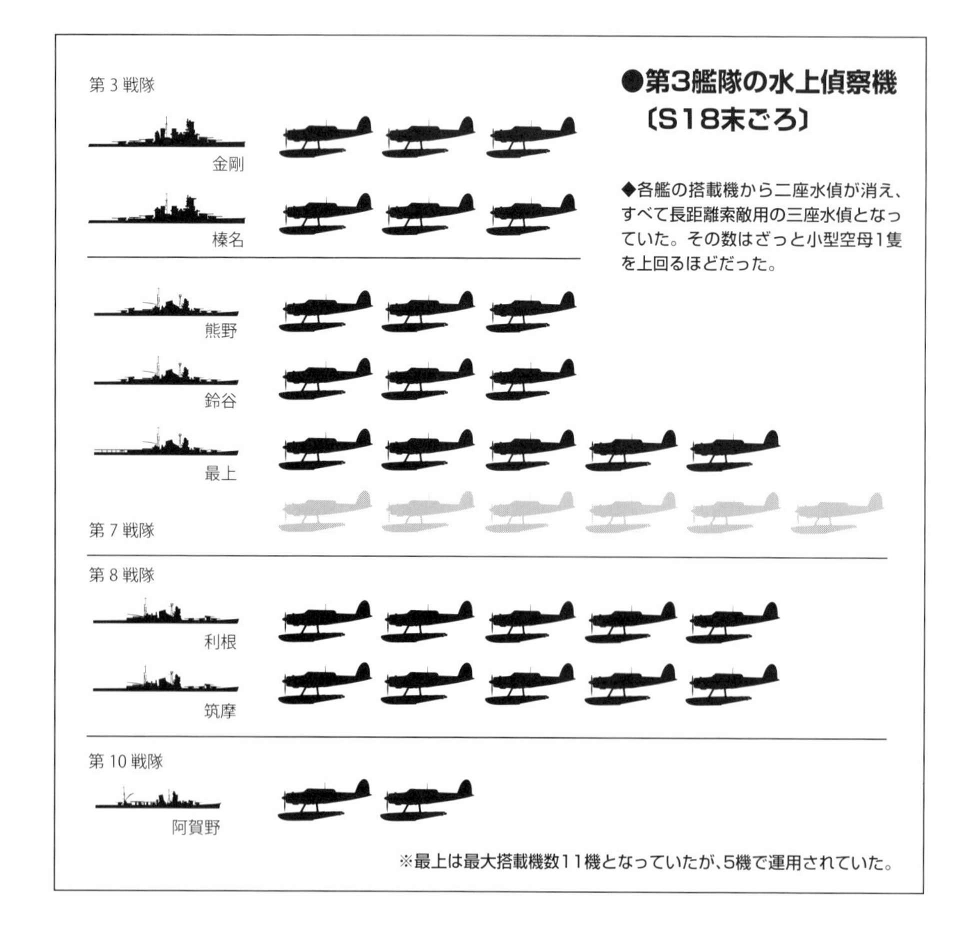

●第3艦隊の水上偵察機〔S18末ごろ〕

◆各艦の搭載機から二座水偵が消え、すべて長距離索敵用の三座水偵となっていた。その数はざっと小型空母1隻を上回るほどだった。

※最上は最大搭載機数11機となっていたが、5機で運用されていた。

「北東方面艦隊」は昭和18年8月5日に、「第12航空艦隊」と「第5艦隊」の指揮系統を一元化し、陸軍の北方軍と共同して北東方面の防衛強化を促進するためとして新設された組織である。キスカ島から撤退した今、千島列島は敵の勢力圏に対して丸裸となってしまっていた。

その「第12航空艦隊」は昭和18年5月18日付けで新編された基地航空艦隊で、その麾下にある「第51航空戦隊」は基地航空部隊の搭乗員を錬成するためのもの（空母飛行機隊用は「第3艦隊」にある「第50航空戦隊」）。練習航空隊での訓練を終えた搭乗員たちの多くはすぐに実施部隊（実戦部隊）へ供給されるが、そうしない一部をここへ集めて、さらに腕に磨きをかけるのである。豊橋航空隊は陸上攻撃機、厚木航空隊は戦闘機、第502航空隊は艦上爆撃機の搭乗員の錬成を担当する部隊だ。

「第6艦隊」の編制は新造艦が加わったほか大きく変わらないが、艦隊決戦がなく、離島への潜水艦輸送が落ち着いたこの時期は「第8潜水戦隊」の各艦がインド洋で交通破壊戦を行なって大きな戦果を挙げていたことが特筆されるだろう。

なお、日本海軍の潜水艦は3隻程度で編成される潜水隊を潜水隊司令が指揮して作戦するのが慣例となっていたが、開戦以来なぜか司令が乗艦する潜水艦の未帰還があいつぎ、また通信の限られる潜水艦同士で連絡を取りながら作戦をするというのが現実的ではない（ドイツやアメリカではウルフパックという戦法で実績が上がっていたのだが……）として、この頃には1個潜水隊の潜水艦の数を6隻程度にまで増やして潜水隊司令を廃止（あるいは地上で指揮）、潜水戦隊が直接潜水艦を指揮するようになっていた。表中で、ひとつあたりの潜水隊の所属潜水艦が多いのはこのためである。

「南東方面艦隊」は「青葉」「長良」「夕張」を直率兵力に「第3水雷戦隊」を持っていたが、すでに独自の兵力でソロモンやニューギニアの戦いを遂行する力はなく、敵に大きな動きがあれば「第2艦隊」や「第3艦隊」が都度出動して対応するかたちだ。なお、「青葉」は4月3日にニューアイ

●消えた「第2航空戦隊飛行機隊」

昭和17年10月の南太平洋海戦では日本側は空母こそ沈まなかったが飛行機隊の消耗が激しく、戦闘機や艦攻は兵力半減、艦爆に至っては72機中残存18機という有様だった（第1航空戦隊、第2航空戦隊を合わせた数字）。

母艦戦力の再建が図られるなか、同年12月中旬にはニューギニア北東部の防備を強化するためウエワクやマダンへ地上兵力を送ることとなり、「第2航空戦隊」がその上空支援に派遣された。この時は母艦から作戦したが、昭和18年1月にはパラオからニューギニアへ向かう船団の直衛に飛行機隊だけがウエワクへ派遣され1週間ほど作戦。基地航空兵力はソロモンにかかりきりで手が割けない。

第2航空戦隊の飛行機隊が「い」号作戦に参加したのは2ケ月後の4月初めで、このころには「飛鷹」も機関修理を終えてトラックに進出しており、両飛行隊とともに7日から14日にかけて作戦に参加し、18日にトラックへ帰還する。

その後、トラックやマーシャル方面で錬成を続けたが、5月12日にアッツ島の戦いが起こったため横須賀へ回航された「飛鷹」は結局、北方へは出動せず、6月初めにトラックへ向け横須賀を出港した直後に被雷してしまう。

そのため、「第50航空戦隊」の練習空母であった「龍鳳」を急きょ第2航空戦隊に編入、「飛鷹」飛行機隊はそのまま「龍鳳」飛行機隊となった。日本の空母が自艦の搭載能力の倍以上の定数となったのはあとにも先にもこの時だけだ。飛行甲板にまで満載すれば載せられないこともないが、それでは空母としての機能を失い、ただの飛行機運搬艦となってしまう。そのため、2航戦飛行機隊は硫黄島、テニアンと島伝いにトラックへ進出した。

そこへ6月30日、レンドバ島へ敵地上軍の上陸を見る。これにより連合艦隊は第2航空戦隊の投入を決定、7月2日以降、戦闘機48機、艦爆36機、艦攻18機と予備機が同地へ進出し、さらにブインへ前進してその攻防戦に加入していった。

しかし、わずか1か月半後の8月15日にはベララベラ島にも敵地上軍が上陸、第2航空戦隊飛行機隊も搭乗員と機材の半数を失う事態となる。

やがて9月1日、第2航空戦隊司令官坂巻宗孝少将以下幕僚は基地航空戦隊である第26航空戦隊司令部にそっくりそのまま転身、戦闘機隊は第204航空隊へ、艦爆、艦攻隊は第582航空隊へ編入となり、第2航空戦隊飛行機隊は消滅した。

同時に新たな第2航空戦隊が内地で編成され、燃料が豊富なシンガポールへ進出、再編成が図られたわけだが、その血脈は以前とは異なるわけである。

ルランド島のカビエンで空襲を受けて搭載魚雷が誘爆し大破、擱座しており、応急修理ののち8月1日に内地へ帰り着いて修理中という状況であった（修理完工後、11月25日付けで「第1南遣艦隊」第16戦隊に編入）。また、附属となっているうち、「新月」は7月6日のクラ湾夜戦ですでに沈没している。

ベララベラ島を奪われた日本側は9月28日から10月2日にかけ、孤立したコロンバンガラ島から兵力を撤収。

11月1日にはついにブーゲンビル島タロキナ（トロキナとも）へアメリカ地上軍が上陸を開始。これを受けてトラックにいた第1航空戦隊「瑞鶴」「翔鶴」「瑞鳳」の飛行機隊がラバウルへ派遣され、11日にいたるまで「ろ」号作戦を実施する。これが「ボーゲンビル島沖航空戦」である。この戦闘で飛行機の70%、搭乗員の47%を損耗した「第1航空戦隊」はいったん内地へ帰還し、シンガポールへ進出して再編成を図ることとなる。

このため、11月21日にギルバート方面へアメリカ地上軍の上陸がはじまった際に対応できる母艦兵力はなく、第12航空艦隊から第24航空戦隊を増勢したもののマキン、タラワは玉砕。

このあとにラバウルへ投入されたのが、先に9月からシンガポールで戦力再建にかかっていた第2航空戦隊「隼鷹」「飛鷹」「龍鳳」の飛行機隊である。彼らはトラックを経てラバウルへ進出すると第253航空隊、第501航空隊などとともに連日来襲するアメリカの戦爆連合と苛烈な航空戦を展開するが、やがて昭和19年2月17日、トラック島がアメリカ空母機動部隊の空襲により壊滅したのを受けてラバウルから撤収することとなる。

ここでついにソロモン、ニューギニアを戦場とする南東方面は、戦史の表舞台から去るのである。

（吉野）

▲昭和18年12月5日、マーシャル諸島に来襲した米機動部隊のうち、空母「ヨークタウン」（エセックス級の2代目）に肉薄して対空砲火に倒れた第531航空隊の「天山」。531空はもともと北東方面艦隊を構成する第12航空艦隊の麾下にあった第24航空戦隊の所属で、内南洋の防備強化のため転用されたものだった。

052 中部太平洋方面防備の強化

トラック空襲と新体制への移行

昭和19年1月中旬、それまでトラックを根城としていた連合艦隊の水上艦艇はシンガポール方面へ移動し、内地から進出してくる空母部隊と合同して訓練を実施することとなった。開戦以来、日本海軍の艦艇は常に燃料の問題を孕んで行動していたのだが、いよいよそれが深刻となったためである。

2月1日に戦艦「長門」「扶桑」ほかの艦艇は「敷島部隊」と称されてトラックを発してパラオへ転進。この時、連合艦隊司令長官の古賀峰一大将は統率上の見地として座乗する旗艦「武蔵」と第4戦隊、第5戦隊を率いてトラックに残留することとなったが、2月4日にギルバート諸島を発進したと思われるB-24の偵察来襲を受けると、その空襲圏内に入ったものと判断、2月10日に「武蔵」以下は横須賀へ、第4、第5戦隊はパラオへ向けてトラックを発した。

ところが、じつはこの時トラック島にはB-24よりももっと強大な破壊力を持つ敵空母機動部隊が迫っていたのである。2月15日にトラック東方の索敵に出た陸攻が2機未帰還となり、米空母の電波輻射を傍受したトラック島では、敵の来襲が予想された翌16日が何事もなく過ぎたため配備を平常に戻していた。

そして2月17日日出と同時に来襲した敵艦上機群は環礁内に在泊する水上艦艇や商船、航空基地をしらみつぶしに攻撃。翌18日の空襲と合わせて、別表のような海軍艦艇を撃沈、あるいは損傷させたほか貴重な輸送船30隻を撃沈。日本側は戦闘によりおよそ70機の航空機を失ったほか、在地機200機を破壊された。

17日の空襲を見た連合艦隊は、即日、ラバウルから第11航空艦隊の航空部隊と派遣中の第2航空戦隊の飛行機隊をトラックへ引き上げ、内地で錬成中の「第1航空艦隊（2月15日に大本営直轄部隊から連合艦隊へ編入）」麾下の「第61航空戦隊（2月1日新編）」をマリアナ諸島に進出させて中部太平洋の防備強化を図ることを決定した。トラック島を従来のような水上艦艇の策源地とすることは困難と判断されたが、ここを奪われると絶対国防圏が瓦解するためである。

内地へ戻り、軍令部で今後の作戦について打ち合わせた連合艦隊司令部は再び「武蔵」に乗り込むと2月24日に横須賀を

■敷島部隊（トラック→リンガ回航部隊）

艦隊編制上の所属			艦名
第2艦隊	第2戦隊		長門、扶桑
第3艦隊	第7戦隊		熊野、鈴谷、利根
	第10戦隊	第61駆逐隊	秋月
		第17駆逐隊	浦風、磯風、谷風、濱風

■櫻部隊（内地→リンガ回航部隊）

艦隊編制上の所属			艦名
第3艦隊	第1航空戦隊		瑞鶴、翔鶴
	第7戦隊		筑摩
	第10戦隊		矢矧
		第10駆逐隊	秋雲、風雲、朝雲
		第61駆逐隊	初月、若月

■2/10（トラック→内地回航部隊）

艦隊編制上の所属			艦名
連合艦隊	第1戦隊		武蔵
第3艦隊	附属		大淀
第2艦隊	第2水雷戦隊	第27駆逐隊	白露
		第24駆逐隊	満潮
		第32駆逐隊	玉波

■トラック空襲艦艇被害〔S19.02.17〕

	艦隊編制上の所属			艦名
沈没艦艇	海上護衛総司令部	附属		香取
	第4艦隊	第14戦隊		那珂
	第3艦隊	第10戦隊	第4駆逐隊	舞風
	第4艦隊	第2海上護衛隊		追風
	第11航空艦隊	附属		太刀風
	第8艦隊	第3水雷戦隊	第22駆逐隊	文月
				第24号駆潜艇
	第4艦隊	第4根拠地隊	第32駆潜隊	第29号駆潜艇
				第10号魚雷艇
	第4艦隊	第4根拠地隊	第57駆潜隊	第15昭南丸（特設駆潜艇）
	第5艦隊	第22戦隊		赤城丸（特設巡洋艦）
損傷艦艇	連合艦隊	附属		秋津洲
	第8艦隊	附属		松風
	第2艦隊	第2水雷戦隊	第27駆逐隊	時雨
				春雨
	連合艦隊	附属		明石
				宗谷
				波勝
	第6艦隊			伊10
			第34潜水隊	呂42
				第20号駆潜艇
	第4艦隊	第4根拠地隊		羽衣丸（特設掃海艇）

◆このほかに阿賀野が2/15に潜水艦により湾外で撃沈され、その乗員を救助してトラックへ戻った追風が環礁内に入ったところで空襲を受け撃沈された。
◆香取、舞風、赤城丸は内地向け船団として出港し、湾外で捕捉、撃沈された。

■第三段作戦兵力部署〔S19.03.10発令〕

部隊名（略称）		指揮官			兵力	主要任務
主隊（MB）		聯合艦隊司令長官			武蔵、大淀	1 敵艦隊航空兵力撃滅
機動部隊（KdB）			第1機動艦隊司令長官		第3艦隊	2 各方面作戦部隊の支援
					第1戦隊（長門）	3 機動作戦、奇襲作戦
					扶桑	4 海上交通保護
					第3戦隊	5 海上交通破壊
					第7戦隊（熊野、鈴谷）	
遊撃部隊（YB）			第2艦隊司令長官		第2艦隊（一部欠）	
					雷（第6駆逐隊）	
第5基地航空部隊（5FGB）			第1航空艦隊司令長官		第1航空艦隊	1 敵艦隊航空兵力撃滅 2 海上交通保護 3 内戦部隊作戦に協力
先遣部隊（EB）			第6艦隊司令長官		第6艦隊（一部欠）	1 敵艦隊奇襲攻撃 2 海上交通保護 3 監視、偵察
					第85潜水艦基地隊	
北東方面部隊（HTB）			北東方面艦隊司令長官			
	第2基地航空部隊（2FGB）			第12航空艦隊司令長官	第12航空艦隊	
	北方部隊（HPB）			第5艦隊司令長官	第5艦隊	
中部太平洋方面部隊（TYB）			中部太平洋方面艦隊司令長官		第5、30根拠地隊	1 敵艦隊航空兵力撃滅
					父島根拠地隊	2 分担区域の防備哨戒
					南鳥島警備隊	3 海上交通保護
					第3水雷戦隊	4 海上交通破壊
					松風、夕凪、秋風、五十鈴	
					31A（その他TYF附属）	
	第4基地航空部隊（4FGB）			第14航空艦隊司令長官	第14航空艦隊	
					第11航空艦隊（一部）	
					第13航空艦隊（一部）	
	内南洋部隊（UNB）			第4艦隊司令長官	第4艦隊	
					南洋第1、2支隊	
					南海第3守備隊	
					海上機動第1旅団	
南東方面部隊（NTB）			南東方面艦隊司令長官			
	第1基地航空部隊（1FGB）			第11航空艦隊司令長官	第11航空艦隊	
	外南洋部隊（SNB）			第8艦隊司令長官	第8艦隊	
	ニューギニヤ部隊（NGB）			第9艦隊司令長官	第9艦隊	
南西方面部隊（NSB）			南西方面艦隊司令長官		南西方面艦隊	
	第3基地航空部隊（SFBG）			第13航空艦隊司令長官	第13航空艦隊	
	西方部隊（SHB）			第1南遣艦隊司令長官	第1南遣艦隊	
	東印部隊（TIB）			第2南遣艦隊司令長官	第2南遣艦隊	
	菲島部隊（HIB）			第3南遣艦隊司令長官	第3南遣艦隊	
	濠北部隊（GHB）			第4南遣艦隊司令長官	第4南遣艦隊	
訓練部隊（KRB）			第11水雷戦隊司令官		第11水雷戦隊	
通信部隊（gB）			第1連合通信隊司令		第1連合通信隊	
附属					第6駆逐隊（雷欠）	
					初霜、波勝、山城、矢風、夕風、鳳翔	
					横1特	

発し、29日にパラオへ進出した。

この間の2月25日、「第1艦隊」はついに解隊され、「第1戦隊」は「第2艦隊」に編入、「第11水雷戦隊」は連合艦隊附属となり、「長門」が第1戦隊に編入され、第2戦隊の「伊勢」「日向」「扶桑」「山城」は連合艦隊附属となった。また第3艦隊附属となっていた「大淀」も連合艦隊附属となっている。

3月1日には「第2艦隊」と「第3艦隊」を合わせた「第1機動艦隊」が編成され、3月4日にはテニアンに司令部を置く「第14航空艦隊」が新編され、これとトラックに司令部を置く第4艦隊とを合わせ「中部太平洋方面艦隊」が新編された。

こうして中部太平洋方面の防備を強化した日本海軍は3月10日に新たに「第三段作戦兵力部署」を発令。これにより、連合艦隊は当分の間、主作戦を太平洋正面に指向し、敵攻略部隊来たらばその全力をもって邀撃することとなる。

（吉野）

06. 昭和19年4月1日の艦隊編制

061 日本海軍史上最大の艦隊決戦兵力

艦隊	戦隊	隊	兵力	特設艦艇・部隊	司令官
連合艦隊					豊田副武大将（33）
			大淀（※1）		
	第11水雷戦隊		龍田、早霜、秋霜、霜月		高間　完少将（41）
		第6駆逐隊	響、雷、電		
	第1連合通信隊		東京海軍通信隊	大和田通信隊	
	附属		伊勢、日向、扶桑、山城、鳳翔、夕風、千珠、笠戸、三宅、満珠、矢風、波勝、明石、宗谷	第36共同丸、氷川丸、天應丸、神風丸、高砂丸、牟婁丸、山霜丸、王星丸、浦上丸 横須賀鎮守府第1特別陸戦隊	
		第21駆逐隊	初春、若葉、初霜		
		輸送艦	間宮、伊良湖、早埼、白埼、荒埼、鳴戸、鶴見、早鞆、足摺、洲埼、塩屋、隠戸、佐多、高崎、大瀬	新玉丸、五隆丸、第2号天洋丸、第3播州丸、白令丸、北上丸、第16播州丸、神洋丸国洋丸、旭東丸、日栄丸、帝洋丸、あけぼの丸、玄洋丸、浅香丸、五洲丸、護国丸、興業丸、君川丸、第101、102、127、128、149、150号特設輸送船、あさしほ丸、清洋丸、タラカン丸、共栄丸、第2菱丸、第2共栄丸、あまつ丸、第2永洋丸、栄邦丸、興川丸、広隆丸、那岐山丸	
第1航空艦隊					角田覚治中将（39）
	第61航空戦隊	（※2）	第121航空隊、第261航空隊、第263航空隊、第321航空隊、第341航空隊、第343航空隊、第521航空隊、第523航空隊、第761航空隊、第1021航空隊		
	第62航空戦隊	（※2）	第141航空隊	偵察3飛行隊	
			第322航空隊	戦闘804飛行隊	
			第345航空隊	戦闘407飛行隊	
			第541航空隊	攻撃3飛行隊	
			第524航空隊	攻撃405飛行隊	
			第221航空隊、第265航空隊、第522航空隊、第762航空隊		
	附属		摂津		
第1機動艦隊					小沢治三郎中将（37）
第2艦隊					栗田健男中将（38）
	第1戦隊		大和、武蔵、長門		宇垣　纒中将(40)
	第3戦隊		金剛、榛名		鈴木義尾中将（40）
	第4戦隊		愛宕、高雄、摩耶、鳥海		第2艦隊司令長官直率
	第5戦隊		妙高、羽黒		橋本信太郎少将（41）
	第7戦隊		熊野、鈴谷、利根、筑摩		
	第2水雷戦隊		能代、島風		早川幹夫少将（44）
		第27駆逐隊	白露、時雨、時雨、五月雨		
		第31駆逐隊	長波、沖波、岸波、朝霜		
		第32駆逐隊	玉波、藤波、早波、濱波		
第3艦隊					第1機動艦隊司令長官直率
	第1航空戦隊		大鳳、瑞鶴、翔鶴		第3艦隊司令長官直率
	第2航空戦隊		隼鷹、飛鷹、龍鳳 第652航空隊		城島高次少将（40）
	第3航空戦隊		千歳、千代田、瑞鳳 第653航空隊		大林末雄少将（43）
	第10戦隊		矢矧		木村　進少将（40）
		第4駆逐隊	野分、山雲、満潮、朝雲		
		第10駆逐隊	夕雲、風雲、朝雲		
		第17駆逐隊	*3/20解隊		
		第61駆逐隊	秋月、涼月、初月		
	附属		最上		
			第601航空隊（※3）		入佐俊家中佐（52）

第6艦隊						高木武雄中将（39）
				伊10、伊11		
			第2潜水隊	伊19、伊21、伊39、伊40		
			第7潜水隊	伊2、伊5、伊6		
			第12潜水隊	伊169、伊171、伊174、伊175、伊176		
			第15潜水隊	伊16、伊32、伊35、伊36、伊38、伊41、伊42、伊43、伊45		
			第22潜水隊	伊177、伊180、伊181、伊184、伊185		
			第34潜水隊	呂36、呂37、呂38、呂39、呂40、呂41、呂42、呂43、呂44		
		第7潜水戦隊	第51潜水隊	呂104、呂105、呂106、呂108、呂109、呂110、呂111、呂112、呂113、呂114、呂115		大和田 昇少将（44）
		第8潜水戦隊		伊8、伊26、伊27、伊29、伊37、伊52、伊165、伊166、呂501		市岡　寿少将（42）
		第11潜水戦隊		長鯨、伊44、伊46、伊53、伊54、伊183、呂45、呂46、呂47、呂48、呂116、呂117	筑紫丸	石崎　昇少将（42）
北東方面艦隊						戸塚道太郎中将（38）
	第5艦隊					志摩清英中将（39）
		第21戦隊		那智、足柄、多摩、木曽		第5艦隊司令長官直率
		第1水雷戦隊		阿武隈		木村昌福少将（41）
			第7駆逐隊	曙、潮		
			第18駆逐隊	霞、不知火、薄雲		
			輸送艦		明石山丸、日帝丸	
	第12航空艦隊					北東方面艦隊司令長官直率
		第27航空戦隊		第252航空隊	戦闘302飛行隊	
				第752航空隊	攻撃256、703飛行隊	
				第452航空隊、第801航空隊		
		第51航空戦隊		第203航空隊	戦闘303、304飛行隊	
				第502航空隊	攻撃103飛行隊	
				第553航空隊	攻撃102、252飛行隊	
				第701航空隊	攻撃702飛行隊	
		附属			第41航空基地隊	
		第22戦隊			第1、2、3、4監視隊	
		千島方面根拠地隊		石垣、国後、八丈	第3魚雷艇隊 第51、52、53警備隊 占守通信隊、第15輸送隊	
			第1駆逐隊	野風、波風、神風		
中部太平洋方面艦隊						南雲忠一中将（36）
	第4艦隊					原 忠一中将（39）
				長良		
		第4根拠地隊		第902航空隊	第57駆潜隊、第41、42、44、67警備隊、第85潜水艦基地隊 第4通信隊、第4航務部、第4輸送隊	
			第32号駆潜隊	第31、32、33号駆潜艇		
		第6根拠地隊			第61、62、63、64、65、66警備隊	
		附属			横須賀鎮守府第2特別陸戦隊 第2、31魚雷艇隊 第6、43、46、48、81、84、85、86防空隊 第221、227設営隊	
			輸送艦	杵埼、石廊、知床	長安丸、地洋丸、間宮丸、札幌丸、第18御影丸、香取丸	
	第14航空艦隊					中部太平洋方面艦隊司令長官直率
		第22航空戦隊		第202航空隊	戦闘301飛行隊	
				第301航空隊	戦闘601、316飛行隊	
				第503航空隊	攻撃107飛行隊	
				第551航空隊	攻撃251飛行隊	
				第755航空隊	攻撃701、706飛行隊	
		第26航空戦隊		第201航空隊	戦闘305、306、351飛行隊	
				第501航空隊	攻撃105飛行隊	
				第751航空隊	攻撃704飛行隊	
		附属		秋津洲		
		第5特別根拠地隊		測天	第21駆潜隊、第54、55、56警備隊 第5通信隊、第5輸送隊	
		第30特別根拠地隊			第45、46警備隊、第3通信隊、第6輸送隊、第30潜水艦基地隊	
			第31駆潜隊	第21、22号駆潜艇		
		附属		五十鈴	第59、60、82、83、91防空隊 第205、214、217、218、223、233設営隊 第23魚雷艇隊	
			輸送艦		弥生丸、桧山丸	

方面艦隊	艦隊	部隊	隊	艦艇・航空隊	所属部隊・船舶	指揮官
南東方面艦隊						草鹿任一中将（37）
	第8艦隊					鮫島具重中将（37）
		第3水雷戦隊		夕張		中川　浩少将（42）
			第22駆逐隊	皐月、水無月		
			第30駆逐隊	卯月、夕月、松風、秋風		
		第1根拠地隊		第26、28号掃海艇	佐世保鎮守府第6特別陸戦隊、呉鎮守府第7特別陸戦隊	
		第8根拠地隊		夏島、那沙美	第23、24駆潜隊 第81、86、89警備隊 第8潜水艦基地隊 第8通信隊 第8港務部	
		第14特別根拠地隊			第83、86警備隊	
		附属		夕凪、松風 第938航空隊、第958航空隊	第2、5、14、21、22、36、44、45、52、63、64、65、67、69防空隊 第1、2輸送隊 第11魚雷艇隊	
			輸送艦		和洋丸、北岡丸、第3高速丸、住吉丸、金鈴丸、三江丸	
	第11航空艦隊					南東方面艦隊司令長官直率
		第25航空戦隊		第251海軍航空隊	戦闘901飛行隊	
				第253海軍航空隊	戦闘309、310飛行隊	
		附属		秋風	第20、26、28、32、34、211、212設営隊	
				第151航空隊	偵察101飛行隊	
			輸送艦		巴蘭丸、第18基隆丸	
		附属			佐世保鎮守府第101特別陸戦隊 第22魚雷艇隊 第121、131設営隊	
			輸送艦		第2日の丸、興和丸、木津川丸、第18日正丸、隆興丸、昌実丸	
南西方面艦隊						高須四郎中将（35）
		第16戦隊		青葉、鬼怒、大井、北上		左近允尚正少将（40）
			第19駆逐隊	浦波、敷波、天霧		
				神威		
		第3連合通信隊			第102、103、104航空基地隊 第21通信隊	
		附属		勝力	聖川丸 第36設営隊	
			輸送艦		天塩丸、箕面丸、生田川丸、利水丸、霞丸、昌栄丸、日栄丸、朝?丸、、大朝丸、国津丸、笠置山丸、喜多丸、千光丸、第16日正丸、亞南丸、大島丸	
	第1南遣艦隊					田結　穣中将（39期）
		第9特別根拠地隊		初鷹	永興丸 第11駆潜隊	
		第10特別根拠地隊		第7号掃海艇	第44掃海隊 第9警備隊 第11潜水艦基地隊 第10港務部 第23衛所隊	
		第11特別根拠地隊		第19、20、21、41、43号駆潜艇	永福丸	
		第12特別根拠地隊		雁	江祥丸 第14、25警備隊 第21、22衛所隊	
		第13根拠地隊			第12、13、17警備隊 第12通信隊	
		附属		八重山、天津風 第936海軍航空隊	第34、51、55、58、70、88、102、104、108、112防空隊 第40、231、234設営隊 第21魚雷艇隊	
	第2南遣艦隊					三川軍一中将（38期）
		第21特別根拠地隊		第11、12、101号掃海艇、第1、2、3、104号駆潜艇 第932航空隊	第3警備隊 第21潜水艦基地隊 第1港務部	
		第22特別根拠地隊		第4、5、6号駆潜艇、第2、36号哨戒艇	第2警備隊 第2港務部	
		第23特別根拠地隊		第8号掃海艇		
		附属		第102号哨戒艇	萬洋丸、大興丸 第33、53、101、103、109、113防空隊 第24、201、241設営隊	
	第3南遣艦隊					岡　新中将（40）
				津軽		
		第32特別根拠地隊		第30号掃海艇	第33警備隊	
		附属		唐津、隼、第36、45、46号駆潜艇、第103、105号哨戒艇 第31航空隊、第32航空隊、第954航空隊	木曾丸 第31警備隊 第31通信隊	

	第4南遣艦隊				山縣正郷中将（39）
			厳島		
		第24特別根拠地隊	雉	第4、6警備隊	
		第25特別根拠地隊	若鷹	第125駆潜隊 第7、20、21警備隊、第24、25通信隊	
		第26特別根拠地隊	蒼鷹、第4、5号掃海艇	第18、19、91警備隊	
		附属 附属		第50、56、105、106、107、110、114、115防空隊 第213、224、225設営隊	
	第9艦隊（※4）				遠藤喜一中将（39）
		第27特別根拠地隊		第90警備隊	
		附属	白鷹、第26、34、35号駆潜艇	第2通信隊、第57、87防空隊 第12魚雷艇隊	
		輸送艦		第5日正丸、彦島丸、第8桐丸	
	第13航空艦隊				南西方面艦隊司令長官直率
		第23航空戦隊	第153航空隊	戦闘311、偵察102飛行隊	
			第381航空隊	戦闘602、902飛行隊	
			第753航空隊	攻撃705飛行隊	
			第331航空隊	戦闘309、攻撃253飛行隊	
		第28航空戦隊	第705航空隊、第851航空隊、第732航空隊		
				第102、103、104航空基地隊	
支那方面艦隊					
	第2遣支艦隊		嵯峨、橋立、舞子、初雁		
		香港方面特別根拠地隊		香港港務部、広東港務部	
		厦門方面特別根拠地隊			
	海南警備府部隊		第254海軍航空隊	横鎮第4特別陸戦隊、舞鎮第1特別陸戦隊、佐鎮第8特別陸戦隊 第15、16警備隊	
	附属	上海方面根拠地隊	鳥羽、安宅、宇治、興津、栗、蓮、栂	上海海軍特別陸戦隊 舟山島警備隊、南京警備隊 第14砲艦隊、上海港務部	
		揚子江方面根拠地隊	須磨、多々良、勢多、堅田、保津、熱海、二見、伏見、隅田、比良、鳴海	九江警備隊	
		青島方面特別根拠地隊		首里丸	
			第256航空隊	白沙	
		輸送艦	野埼	第21播州丸、興隆丸、重興丸	
海上護衛総司令部（※5）					水井静治少将(40)
		第18戦隊	常磐	高栄丸、西貢丸、新興丸、	
			大鷹、雲鷹、神鷹、海鷹、香椎 第453航空隊、第901航空隊、第931航空隊		
		第1海上護衛隊	汐風、帆風、朝風、若竹、呉竹、刈萱、朝顔、松輪、佐渡、択捉、対馬、占守、淡路、倉橋、真鶴、友鶴、第8、9、10号海防艦	華山丸、北京丸、長壽山丸	
		第2海上護衛隊	朝凪、隠岐、福江、六連、平戸、御蔵、天草、能美、第2、3号海防艦、鵯、鴻、	長運丸	

●海上護衛総司令部の創設

太平洋戦争開戦時、日本海軍には輸送船や海上交通路を護衛する専門のセクションはなかった。しかし、第1段作戦がうまく運び、戦争遂行のため南方資源地帯や南東方面（主にトラック島）へ輸送船が往還するようになり、また、連合艦隊は作戦のたびに兵力を船団護衛に割かれることを嫌うなどの理由から、昭和17年4月10日の戦時編制改定で鎮守府部隊や警備府部隊の兵力を抽出し、「第1海上護衛隊」と「第2海上護衛隊」を編成した。

ところが、2線級艦艇での護衛には限界があり、また時には輸送船が独航しなければならない状況で、じょじょに敵潜水艦の活動が活発化してくると、船舶被害防止対策が重要問題となってきた。

こうして昭和18年11月15日に設置されたのが「海上護衛総司令部」である。これは「第1海上護衛隊」と「第2海上護衛隊」を統括し、船団の直接護衛だけでなく、各鎮守府部隊や各警備府部隊と連携し、機雷堰などを使って安全通行帯を設け、確実な輸送体制を構築する考えで創設されたものだった。

それまで連合艦隊附属として飛行機輸送に使用されてきた商船改造空母「大鷹」「雲鷹」と、やはり商船改造空母の「海鷹」「神鷹」も対潜空母として使用するなど当時としては画期的な存在であった。

創設当時の司令長官は及川古志四郎大将で、連合艦隊や支那方面艦隊とは同格、協力関係である。

創設後の主な編制の変更点

年月日	変更内容
18.12.10	大鷹、雲鷹、海鷹、神鷹を編入
18.12.15	第901航空隊新編編入
19.02.01	第931航空隊編入（佐世保鎮守府部隊より）
19.02.20	第453航空隊編入(佐世保鎮守府部隊より)
19.04.08	第1～第7船団司令部設置
19.04.10	第4海上護衛隊設置（佐世保鎮守府部隊。沖縄～台湾間護衛担当）
19.04.15	第8船団司令部設置
19.05.01	第953航空隊新編（高雄警備府部隊）
19.05.20	第3海上護衛隊設置（横須賀鎮守府部隊。京浜～阪神間護衛担当）

横須賀					
鎮守府			駒橋、澤風、旗風、千鳥 横須賀航空隊、第302航空隊、第1001航空隊、第1081航空隊	第50、51、52、54号駆潜艇、第46号哨戒艇 横須賀海兵団、武山海兵隊 横須賀潜水艦基地隊 横須賀海軍港務部 横須賀海軍通信隊	
		第6潜水隊	呂57、呂58、呂59		
	横須賀海軍警備隊				
	横須賀防備戦隊		猿島、第25号掃海艇、第14、42、44、47、48号駆潜艇 館山海軍航空隊	第1、26掃海隊 伊勢防備隊、女川防備隊	
		横須賀防備隊	初島、第27号掃海艇		
	父島方面特別根拠地隊		父島航空隊	第17掃海隊 硫黄島警備隊	
	第11連合航空隊		霞ヶ浦航空隊、筑波航空隊、谷田部航空隊、百里原航空隊、名古屋航空隊、鹿島航空隊、北浦航空隊、大津航空隊、神ノ池航空隊、第2郡山航空隊、第2河和航空隊		
	第13連合航空隊		大井航空隊、鈴鹿航空隊、上海航空隊、青島航空隊、徳島航空隊、洲ノ崎航空隊、垂水航空隊、第2鹿屋航空隊、高知航空隊		
	第18連合航空隊		相模野航空隊、第2相模野航空隊、追浜航空隊、河和航空隊、郡山航空隊、香取航空隊、人吉航空隊、岡崎航空隊、串良航空隊		
	第19連合航空隊		土浦航空隊、三重航空隊、鹿児島航空隊、美保航空隊、松山航空隊		
		輸送艦		拓南丸、神盛丸、乾祥丸、九州丸	
佐世保					
鎮守府			野登呂 佐世保航空隊、第453航空隊、博多航空隊、鹿屋航空隊	佐世保海兵団、相浦海兵団 佐世保潜水艦基地隊 佐世保海軍港務部 佐世保海軍通信隊 第226設営隊	
	佐世保海軍警備隊				
	佐世保防備戦隊	佐世保防備隊	鹿島、燕、鳩、第15号掃海艇、第49、58号駆潜艇、第38号哨戒艇	富津丸	
				第43掃海隊、大島防備隊	
		輸送艦		昭慶丸、第2号興東丸、しろがめ丸、とよさか丸、萬光丸、辰和丸	
呉					
鎮守府			伊33、呂113、呂114 呉航空隊、岩国航空隊	呉海兵団、大竹海兵団 呉潜水艦基地隊 呉海軍港務部、徳山海軍港務部 呉海軍通信隊	
	呉防備戦隊		春風、鳩、鷺、伊162、壱岐、第17、18号掃海艇、由利島、怒和島、第31号哨戒艇、第1、4、5、6、7、11、12、13、14、16、17、18、20、22、24号海防艦、第53、60号駆潜艇 佐伯航空隊	第31、33、34掃海隊 佐伯防備隊 下関防備隊	
	呉警備隊				
	呉潜水戦隊		迅鯨、呂500		
		第19潜水隊	伊121、伊122、伊155、伊156、伊157、伊158、伊159		
		第33潜水隊	呂62、呂63、呂64、呂67、呂68		
	呉練習戦隊		鹿島、八雲、磐手、出雲		
	第12連合航空隊		大村航空隊、宇佐航空隊、博多航空隊、姫路航空隊、出水航空隊、詫間航空隊、宮崎航空隊、、鹿屋航空隊、第2美保航空隊、築城航空隊		
		輸送艦		山鳥丸、洛東丸、たるしま丸	
舞鶴					
鎮守府			名取、成生、新井埼 舞鶴航空隊	第35掃海隊 舞鶴海兵団 舞鶴潜水艦基地隊 舞鶴海軍港務部 舞鶴防備隊、舞鶴海軍通信隊 第232、235設営隊	
	舞鶴海軍警備隊				
高雄					
警備府			前島	長白山丸、第45掃海隊 高雄海軍港務部 高雄海軍通信隊	
	馬公方面特別根拠地隊				
	第14連合航空隊		高雄航空隊、黄流航空隊、台南航空隊、三亞航空隊、海口航空隊、第2台南航空隊		
		輸送艦		広田丸、北比丸、岩戸丸	

大湊					
警備府			大泊、第15号駆潜艇、白神、石埼 大湊航空隊	千歳丸、第2号新興丸 第27、28掃海隊、第52砲艇隊 大湊防備隊、宗谷防備隊 大湊海軍港務部、大湊海軍通信部 大湊潜水艦基地隊	
		第52掃海隊	第22、24掃海艇		
		輸送艦		興東丸	
鎮海					
警備府			巨済、済州、第20号掃海艇 鎮海航空隊	第48、49掃海隊 鎮海防備隊、鎮海海軍港務部 鎮海海軍通信隊	
	羅津方面特別根拠地隊			羅津通信隊	
	旅順方面特別根拠地隊			寿山丸	
大阪					
警備府			串本航空隊、小松島航空隊	那智丸 紀伊防備隊	
海軍省					
		輸送艦	室戸	御嶽山丸、北陸丸、那形丸、能代丸、さんとす丸、りをん丸、慶洋丸、昌平丸、國川丸、南海丸、白山丸、山陽丸、球磨川丸、筥崎丸、日祐丸、讃岐丸、山東丸、朝嵐丸、極洋丸、衣笠丸、太隆丸、龍田川丸、第8信洋丸、百福丸、第10雲海丸、第2号日吉丸、第10福栄丸、安州丸、正生丸、菱丸、愛天丸、建川丸、厳島丸、御室山丸、室津丸、三ツ星丸、第2号永興丸、永天丸、萬龍丸、東照丸、旭丸、西亞丸、江ノ島丸、長和丸、香具丸、金泉丸、第7博鉄丸、第15博鉄丸、いくしま丸、日輪丸、第2日正丸、寿山丸、第3東洋丸、日本海丸、新京丸、射水丸、辰宮丸、辰春丸	

※1：第1艦隊が解隊され、大淀が独立旗艦として連合艦隊司令部を坐乗させるようになった。
※2：第61航空戦隊は従来通りだが、第62航空戦隊の所属航空隊は特設飛行隊制を導入。
※3：第601航空隊は第3艦隊に付属している（第1航空戦隊は第3艦隊司令部直率なので意味合い的には同じ）。
※4：第9艦隊は昭和19年1月に新編され、南東方面艦隊にあったが、3/25付けで南西方面艦隊に編入。
※5：海上護衛総隊という言われ方をするがこれは通称で、艦隊編制上の呼称は「海上護衛総司令部」が正しい。

絶対国防圏と決戦体制の構築

昭和17（1942）年10月の南太平洋海戦のあと、およそ1年半のあいだは日米主力艦隊同士の決戦の機会は遠のき、南東方面海域（主にソロモン諸島）の島嶼を巡る争奪戦がメーンとなっていた。

昭和18年2月にガダルカナルから日本陸海軍を撤退させたアメリカ軍はソロモン諸島の島々を順に攻略し、その年の11月にはついにブーゲンビル島へも地上兵力を上陸させる。

この間、日本海軍は基地航空部隊が消耗しては小出しに兵力を補充することを繰り返し、また「い」号作戦や「ろ」号作戦に空母飛行機隊を投入したため、量にまさるアメリカに押されるとともに、飛行機とパイロットの損失がのっぴきならぬ状況に陥ってしまう。

また、ガダルカナル戦の中盤以降、ソロモン諸島への物資輸送は輸送船によるものが困難となり、代わって水雷戦隊の駆逐艦が担うことになっていた。ところが、駆逐艦は船足こそ速いものの有効な対空兵器をほとんど持っていないため、作戦輸送中に航空機の攻撃を受けて損傷、もしくは沈没する艦が続出した。

さらに、アメリカに常に先手先手を打たれる日本軍は、暗号が傍受・解読されていることを真剣に検討しておらず、昭和18年4月18日には、開戦以来、連合艦隊司令長官を務めてきた山本五十六大将が、前線視察の暗号通信を解読されて米軍機の待ち伏せに遭い、戦死する。

そうした状況を打開するべく、まずは航空兵力の回復と拡充を図るために1年という期間を費やして、1500機にのぼる定数を持つ大規模な基地航空艦隊を整備し、そこに配属する新たなパイロットの錬成を行なうことにした。

こうして昭和18年7月1日に新編されたのが「第1航空艦隊」である。これは開戦当初に空母を集中運用するために編成されていた「第1航空艦隊」とは同名だが、空母はおろか水上艦艇の所属のない、陸上基地の航空隊で組織された“空中艦隊”である。新しく編成された「第1航空艦隊」は敵の来攻海面に応じて、南太平洋の島嶼に設けられた飛行場を適宜移動してこれを邀撃する「機動基地航空部隊」との作戦方針を持っており、搭乗員の錬度が上がらないうちに小出しに使用して戦力を消耗しないよう、連合艦隊隷下ではなく「大本営直轄部隊」とされたのが特筆される。

「第1航空艦隊」の麾下には「第61航空戦隊」と「第62航空戦隊」が編制されている。表を見るとわかるように、前者は航空隊固有の飛行機隊で編成されてお

●昭和19年初頭の艦隊編制の改定点

年月日	主な改定点
19.02.01	「第3航空戦隊」編成 「第61航空戦隊」「第62航空戦隊」を編成、「第1航空艦隊」に編入
19.02.15	「第1航空艦隊」を「連合艦隊」に編入
19.02.25	「第1艦隊」を解隊。「第1戦隊」を「第2艦隊」に、「第1水雷戦隊」を「連合艦隊附属」に編入 「長門」を「第1艦隊」に、「伊勢」「日向」「扶桑」「山城」を「連合艦隊附属」に編入 「大淀」を「第3艦隊附属」から「連合艦隊附属」とする
19.03.01	「第2艦隊」と「第3艦隊」で「第1機動艦隊」を編成
19.03.04	「第4艦隊」及び新編の「第14航空艦隊」をもって「中部太平洋方面艦隊」を編成
19.03.25	「第9艦隊」を「南東方面艦隊」から「南西方面艦隊」に編入

り、後者は航空隊の下に戦闘飛行隊や攻撃飛行隊、あるいは偵察飛行隊といった「特設飛行機隊」が所属する形となっている。

これは空地分離制のひとつの現れであり、航空隊は1個、あるいは複数の特設飛行隊を指揮し、これら飛行隊が戦力を消耗した場合には違う飛行隊と入れ替えて作戦を続行することを目論むものである（従来は航空隊が戦力再建を図る場合、飛行機隊だけでなく地上組織を含めての部隊移動となったので大ごとだった）。

一方で、昭和19年4月1日、艦隊決戦部隊の「第2艦隊」と、航空母艦を主軸とする「機動部隊」たる「第3艦隊」を統一して運用する「第1機動艦隊」が編成された。

この当時の「第3艦隊」の空母兵力は、飛行甲板に防御を施して脆弱性をカバーした正規空母「大鳳」が竣工、これを「翔鶴」型2隻のいる第1航空戦隊に編入したのをはじめ、第3航空戦隊は「瑞鳳」に、水上機母艦からの改造空母である「千歳」「千代田」の2隻が加わり、第2航空戦隊は「隼鷹」型2隻と潜水母艦改造の「龍鳳」で構成、合計9隻を揃えていた。

それぞれの空母には第601航空隊、第652航空隊、第653航空隊が搭載される。これは、従来の空母飛行機隊が各艦の固有の縦割り編制で、艦隊長官→航空戦隊司令官→空母艦長→飛行機隊という流れで命令が伝達、あるいは管理されていたことに対して「空地分離」を適用し、艦隊、あるいは航空艦隊が直接飛行機隊を統一指揮するための措置であった。

そして開戦以来、活躍の機会に恵まれなかった戦艦・巡洋艦部隊についてはそのまま遊兵にしておかず、戦闘の主役となった航空母艦に随伴し、積極的に護衛する役割を担わせようというのである。

つまり、機動艦隊長官は第3艦隊長官を兼任して指揮を執り、まず空母による航空戦に勝利する。そののち、第2艦隊長官指揮の水上艦艇が、残存する敵艦隊に砲撃と魚雷攻撃を加えてこれを殲滅するという戦法である。このあたり、航空主兵とはいえまだ、大艦巨砲主義の夢を追っていたといえよう。

連合艦隊はこの第1機動艦隊の創設により、戦艦5隻、重巡洋艦10隻、軽巡洋艦2隻、空母9隻、駆逐艦29隻など、戦闘艦艇のほとんどを集めた大艦隊の決戦勢力となった。

これを実現するため、連合艦隊は司令長官の直率であった「第1艦隊」の戦艦を「第2艦隊」へ転出させ、「第1艦隊」を解隊。連合艦隊司令部は陸上、あるいは独立旗艦（戦隊などに編入せず、艦隊に単艦で直接属するもの。のちの軽巡「大淀」が該当）に置くことが3月1日に決まった。

ところが、その矢先の3月30日に、アメリカ軍の侵攻が予想されたパラオからフィリピンへの避退を図って二式飛行艇に便乗した連合艦隊司令長官の古賀峯一大将ら司令部一行が行方不明になる事件が起こった。山本長官に次ぎ2度目の連合艦隊司令長官の遭難（海軍乙事件）である。古賀長官のあとには、いったん高須四郎大将が継ぎ、5月に豊田副武大将が新たな連合艦隊司令長官に親補された経緯がある。

対するアメリカ海軍もこの1年間でエセックス型航空母艦をはじめとする最新鋭空母やインデペンデンス型軽空母、あるいはサンガモン級、カサブランカ級護衛空母などを次々と竣工させており、飛行機隊ともども習熟訓練に励んで機動部隊の増強に邁進していたのだった。

そして昭和18年11月にギルバート諸島の攻略に乗り出したアメリカは、翌昭和19年1月末からマーシャル諸島へ来襲した。

対米決戦の際には「第1機動艦隊」の艦隊航空と、温存してきた錬度の高い「第1航空艦隊」を一気に投入するつもりだった日本海軍は、こうした情勢から2月15日に「第1航空艦隊」を連合艦隊に編入してしまう。そして、戦備の整った順に、適時マリアナ諸島の飛行場へ進出した第1航空艦隊の各航空隊は、数で上回るアメリカ軍と戦闘。再び兵力の小出し

●昭和19年2月19日起案「戦時編制改定」の内報に見る改定理由

① 「第1艦隊」は現状「第2戦隊」を率いるだけで、艦隊司令部を置く必要が減少していること。
② 「武蔵」「大和」「長門」の3戦艦を「第1戦隊」とし、「機動部隊（近く機動艦隊に編入するための準備中）」に編入するのが適当であること。
③ 連合艦隊旗艦としては「大淀」を充当するが、さしあたり連合艦隊軍隊区分により「武蔵」を使用する（連合艦隊と打ち合わせ済）。
④ 「伊勢」「日向」「扶桑」「山城」は単艦とし、多数航空機搭載艦（航空戦艦）として改装された「伊勢」「日向」は「第4航空戦隊」の編成を準備。「扶桑」「山城」はさしあたり練習任務に充当と予定（現装備においては機動部隊編入は不適当であるため）。
⑤ 「第11水雷戦隊」は「連合艦隊附属」とし、従来通り新造駆逐艦錬成に充当する。
⑥ 第1艦隊司令部解隊による要員をもって目下準備中の機動艦隊、中部太平洋方面艦隊の要員に充当する。

による消耗を余儀なくされたのである。

その後、マリアナ方面に集結しつつあった第1航空艦隊はビアク島に敵の来航を見たことによりヤップ、ペリリューへと前進してこれに対応しようとしたが、その移動中に故障、あるいは離着陸の事故を起こして消耗するケースもあり、機動基地航空部隊構想自体の欠陥もまた露呈した。

そうして6月、サイパン島にアメリカ地上軍の上陸を迎えた際には、数量も技量もとうていアメリカ海軍の航空兵力に対抗できる力はなくなっていたのであった。

ここで掲示する「昭和19年4月1日の艦隊編制」は以上のような日本海軍の思惑により進められていた戦備が、曲がりなりにも整った頃のものと言える。

艦隊決戦兵力とも言える「第１機動艦隊」に対して、太平洋の各方面は防衛圏を大きく４つに分けた"方面艦隊"により日々の防備が図られていた。アリューシャン・千島列島・樺太方面を担当する「北東方面艦隊」、トラック島・マリアナ諸島を担当する「中部太平洋方面艦隊」、ラバウル・ソロモン諸島・ガダルカナル島を担当する「南東方面艦隊」、フィリピン・東南アジア・インドネシアを担当する「南西方面艦隊」である。

潜水艦で編成された第６艦隊は、日本の潜水艦の運用は敵艦隊の撃滅を主眼としつつ、孤立した要所に対する作戦輸送が主となっていた。アメリカの潜水艦のように数隻でチームを組むか単艦で通商破壊や艦艇攻撃を行なう運用とは大きく異なっていたのだがこれもまた連合艦隊の失策の一つであった。

なお、「南西方面艦隊」のなかに名前の見える「第9艦隊」は、ラバウルから分断されて孤立した西部ニューギニアの特別根拠地隊2隊を基幹として昭和19年1月に南東方面艦隊の麾下に編成されたもので、この4月に南西方面艦隊へ編入された組織である。

このほか、遅まきながら設置した「海上護衛総司令部」を拡張し、船団護衛艦艇を整えつつあったが、護衛を担当する海防艦の性能と隻数は理想にはほど遠く、輸送船団の被害は一向に減らないばかりか、護衛艦艇が敵潜水艦の雷撃により撃沈されるケースも多々発生。

所帯の大きさとは裏腹に数多くの問題を抱えていた艦隊編制でもあった。

（畑中／吉野）

●昭和19年2月23日の軍令部総長上奏における「連合艦隊独立旗艦」「第1機動艦隊」の設定、ならびに「第1艦隊」解隊理由の要点

従来、連合艦隊司令長官は第1戦隊を率いて海上決戦兵力を直接指揮するように編成されていましたが、現作戦段階におきましては各方面艦隊のほか、海上にあります第1、第2、第3、第6艦隊、及び陸上を基地と致します第1航空艦隊などを適当に指揮運用することが必要であり、戦況に応じて独立旗艦、または陸上司令部において作戦を指揮できるように致します。

第2艦隊に第1戦隊を加え、戦艦、巡洋艦を主とするものに改編、母艦を主とする第3艦隊とを合わせて第1機動艦隊を編成します。

従来、第1艦隊は戦闘艦部隊として海上決戦兵力であるとともに兼ねて訓練部隊として新造駆逐艦の訓練を担任していましたが、機動艦隊の編成にともない、第1艦隊の主力である第2戦隊の戦艦「長門」を「機動艦隊」に編入。

多数航空機搭載艦に改装された「伊勢」「日向」は新たな航空戦隊を編成し機動艦隊に編入する準備中、「扶桑」「山城」は現装備においては機動部隊編入が不適当です。また、訓練部隊の第11水雷戦隊は訓練が軌道に乗り、艦隊司令長官の指導を必要としなくなりました。

よって第1艦隊を存続する必要がなくなりましたので、解隊する準備中です。

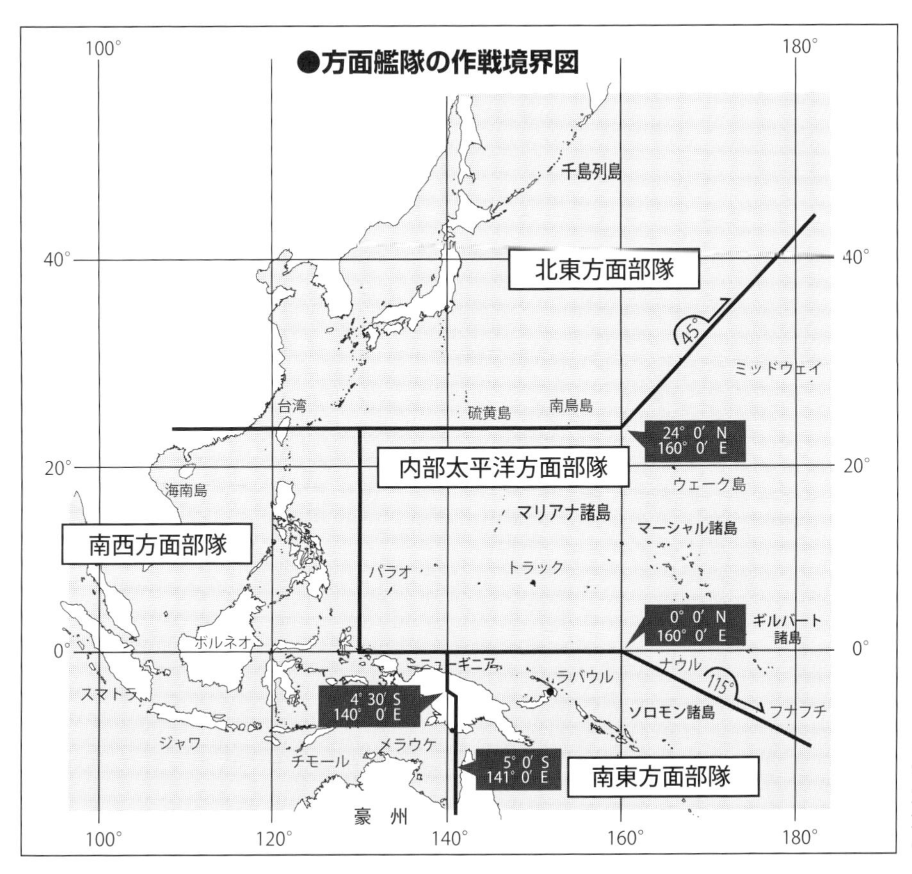

◀一般的に南東方面や南西方面などと言われるが、厳密には本図のように緯度、経度によって作戦境界が設定されていた。図中にある「北東方面部隊」は「北東方面艦隊」の軍隊区分上の呼称。その他のついては64ページを参照されたい。

063 「あ」号作戦（マリアナ沖海戦）参加部隊

■機動艦隊の軍隊区分と艦艇

軍隊区分	艦隊編制上の所属				兵力	指揮官
本隊・甲部隊						小沢治三郎中将
	第1機動艦隊	第3艦隊	第1航空戦隊		大鳳、翔鶴、瑞鶴	第3艦隊司令長官直率
		第2艦隊	第5戦隊		妙高、羽黒	橋本信太郎少将
		第3艦隊	第10戦隊		矢矧	木村進少将
				第10駆逐隊	朝雲、（風雲）（※1）	
				第17駆逐隊	磯風、浦風、（雪風、谷風）（※2）	
				第61駆逐隊	初月、若月、秋月（※3）	
			附属		霜月	
					第601航空隊	
本隊・乙部隊						城島高次少将
	第1機動艦隊	第3艦隊	第2航空戦隊		隼鷹、飛鷹、龍鳳	
					第652航空隊	
		第2艦隊	第1戦隊		長門	
		第3艦隊	附属		最上	
			第10戦隊	第4駆逐隊	満潮、野分、山雲	
		第2艦隊	第2水雷戦隊	第27駆逐隊	時雨、五月雨、（白露）（※4）	
				附属	秋霜、早霜（※5）	
		第3艦隊	第10戦隊	第17駆逐隊	浜風（※6）	
前衛部隊						栗田健男中将
	第1機動艦隊	第2艦隊	第1戦隊		大和、武蔵	宇垣纏中将
			第3戦隊		金剛、榛名	鈴木義尾中将
		第3艦隊	第3航空戦隊		瑞鳳、千歳、千代田	大林末雄少将
					第653航空隊	
		第2艦隊	第4戦隊		愛宕、高雄、鳥海、摩耶	第2艦隊司令長官直率
			第7戦隊		熊野、鈴谷、利根、筑摩	白石萬隆少将
			第2水雷戦隊		能代	早川幹夫少将
				第31駆逐隊	長波、朝霜、岸波、沖波	
				第32駆逐隊	藤波、浜波、玉波、（早波）（※7）	
				附属	島風	
第1補給部隊	聯合艦隊附属				速吸、日栄丸、国洋丸、清洋丸	
	中部太平洋方面艦隊		第3水雷戦隊		名取（※8）	
	聯合艦隊			第6駆逐隊（※9）	響	
				第21駆逐隊	初霜	
	中部太平洋方面艦隊		第3水雷戦隊	第22駆逐隊	夕凪	
	支那方面艦隊	附属	上海方面根拠地隊		栂	
第2補給部隊	聯合艦隊附属				玄洋丸、あずさ丸	
	第3艦隊		第10戦隊	第17駆逐隊	雪風	
	中部太平洋方面艦隊		第3水雷戦隊	第30駆逐隊	卯月	
	聯合艦隊附属				満珠、干珠、三宅、海22（※10）	

◆このほかに「待機部隊」として扶桑が、「整備部隊」として第4航空戦隊の伊勢、日向、第634航空隊があった。
※1：風雲は6/8沈没し、マリアナ沖海戦時にはいない。
※2：雪風はタウィタウィでの対潜掃討中に触礁損傷したため海戦時には第1補給部隊の護衛となる。谷風は6/9日沈没。
※3：第61駆逐隊には艦隊編制上、涼月がいたが、損傷修理中で兵力として組み込まれなかった。
※4：白露は6/15、清洋丸と接触して沈没。マリアナ沖海戦時にはいない。
※5：秋霜、早霜はもともと第2補給部隊に部署されていたが、ダバオから補給部隊を護衛したのち、乙部隊へ合流。
※6：浜風は第1補給部隊に部署されており、鶴見を護衛して5/9タラカン発、5/10タウイタウイへ入泊し、乙部隊へ合流。
※7：早波は敵潜水艦の雷撃により6/9日沈没。マリアナ沖海戦時にはいない。
※8：名取は5/15に中部太平洋方面艦隊附属から第3水雷戦隊へ編入。パラオより合流するも、6/19日分離。
※9：第6駆逐隊は6/10付けで解隊。
※10：満珠、干珠、三宅、海22（第22号海防艦）はマリアナ沖海戦に参加せず、ギマラスで待機した。

■マリアナ沖海戦参加部隊の編制

昭和19年6月19～20日が決戦日となったマリアナ沖海戦は、南太平洋海戦以来の大規模な艦隊決戦であった。日本海軍はそれまでに空母飛行機隊の再建とソロモン諸島の基地航空戦への投入による消耗を繰り返していたが、昭和19年11月の「ろ」号作戦（ボーゲンビル沖海戦）以降、本格的な再建に入り、第1航空戦隊に第601航空隊、第3航空戦隊に第653航空隊、第2航空戦隊に第652航空隊という順で搭載航空隊が編成され、第3艦隊の空母9隻と、それを護衛する戦艦、巡洋艦からなる第2艦隊という強力な空中艦隊「第1機動艦隊」を作り上げた。

第1機動艦隊司令部では兵力を「本隊甲部隊」「本隊乙部隊」「前衛部隊」と区分。本隊は空母6隻に心ばかりの水上艦艇を随伴させ、前衛部隊の小型空母3隻には大和、武蔵以下多くの水上艦艇を手厚く配して敵の攻撃を吸収し、その対空火網での防御と囮役に使用（これは南太平洋海戦でもとられた戦術であった）。決戦の際には新鋭の艦上爆撃機「彗星」、艦上攻撃機「天山」の航続距離を活かし、敵の航空機が攻撃できない距離に布陣した「本隊」の空母から発進させて敵艦隊への攻撃をしかける「アウトレンジ戦法」の実施を試みた。

しかし、これら新鋭機は高い性能ゆえに操縦に高度なテクニックが要求され、新人搭乗員たちには荷が勝ちすぎるきらいがあり、発着艦訓練においてもたびたび事故が多発する事態となった。

6月11日に米機動部隊がサイパン島を空襲、敵上陸近しと判断した連合艦隊司令部が6月15日に「あ」号作戦の発動を命じると、すでにギマラス泊地へ前進していた「機動艦隊」はマリアナ沖へ急行。

6月18日には索敵機が敵艦隊を捕捉、夕刻の攻撃となるので出撃を見送り、翌19日に思い描いていたようなアウトレンジ戦法が実施されることとなった。

ところが、アメリカ側はレーダーによりその来襲を正確に把握し、はるばるやってきた日本攻撃隊を、上空に待機させておいた戦闘機（グラマンF6Fがほとんど）により次々と撃ち落としていった。

空母戦においては手持ちの戦闘機を第1次攻撃用、第2次攻撃用（2回に分けるのは飛行甲板のスペースや爆装雷装の準備の関係だが、必ずしもアメリカの運用はこれに則していない）、そして艦隊防空用と3つに分けて運用するのがセオリーだが、距離が遠すぎて攻撃隊を差し向けることができないアメリカ側は、すべての戦闘機を艦隊の防空に使用することができ、「我が分力」が「敵の全力」によって叩き潰される、最もまずい状況を作り出していた。

日本側が知る由もないが、当時のアメリカ第58任務部隊は4つの空母群からなり、大小空母15隻、搭載機数900機弱とほぼ倍の兵力であり、うち、戦闘機の数だけでも440機以上となっていた（資料によってまちまちだが、日本側は各機種合わせて500機弱、うち戦闘機は戦闘爆撃隊の零戦も合わせて220機程度だった）。

ようやく敵戦闘機の攻撃をかいくぐって敵艦隊に近づいた攻撃機は、ＣＩＣによる指揮システムやＶＴ信管による防空システムを使った護衛艦により撃ち落とされていく。

こうした一方でこの日、攻撃隊を発進させた「大鳳」と「翔鶴」が、米潜水艦の襲撃を受けて沈没。護衛駆逐艦の数が少なく、同時にソナーなど日本の対戦戦術の立ち遅れによる損失と言える。

翌20日は攻守所を変え、航空兵力を失った日本側が一方的に攻撃を受けることとなり第2航空戦隊の「飛鷹」が空襲により撃沈されたほか、「隼鷹」が艦橋に被弾して中破、「瑞鶴」「千代田」も小破し、「榛名」「摩耶」なども損傷を受けてしまう。

こうしてマリアナ沖海戦は日本海軍の記録的大敗に終わり、航空主兵をとる近代的な艦隊を再建できないまま、フィリピン決戦へと引きずり込まれていくこととなる。

（畑中／吉野）

◀昭和19年6月20日、マリアナ沖海戦2日目にアメリカ空母機動部隊の攻撃を受ける「瑞鶴」ほか機動部隊本隊の艦艇たち。日本海軍史上最大の航空主兵の機動艦隊により決戦に挑んだが、もろくも敗れ去ってしまった。「アウトレンジ戦法」という奇術に溺れたと評する向きもあるが、より強大なアメリカ海軍の物量、科学技術の前に敗れ去ったとも言える。

●マリアナ沖海戦時の機動艦隊陣形〔S19.06.19〕

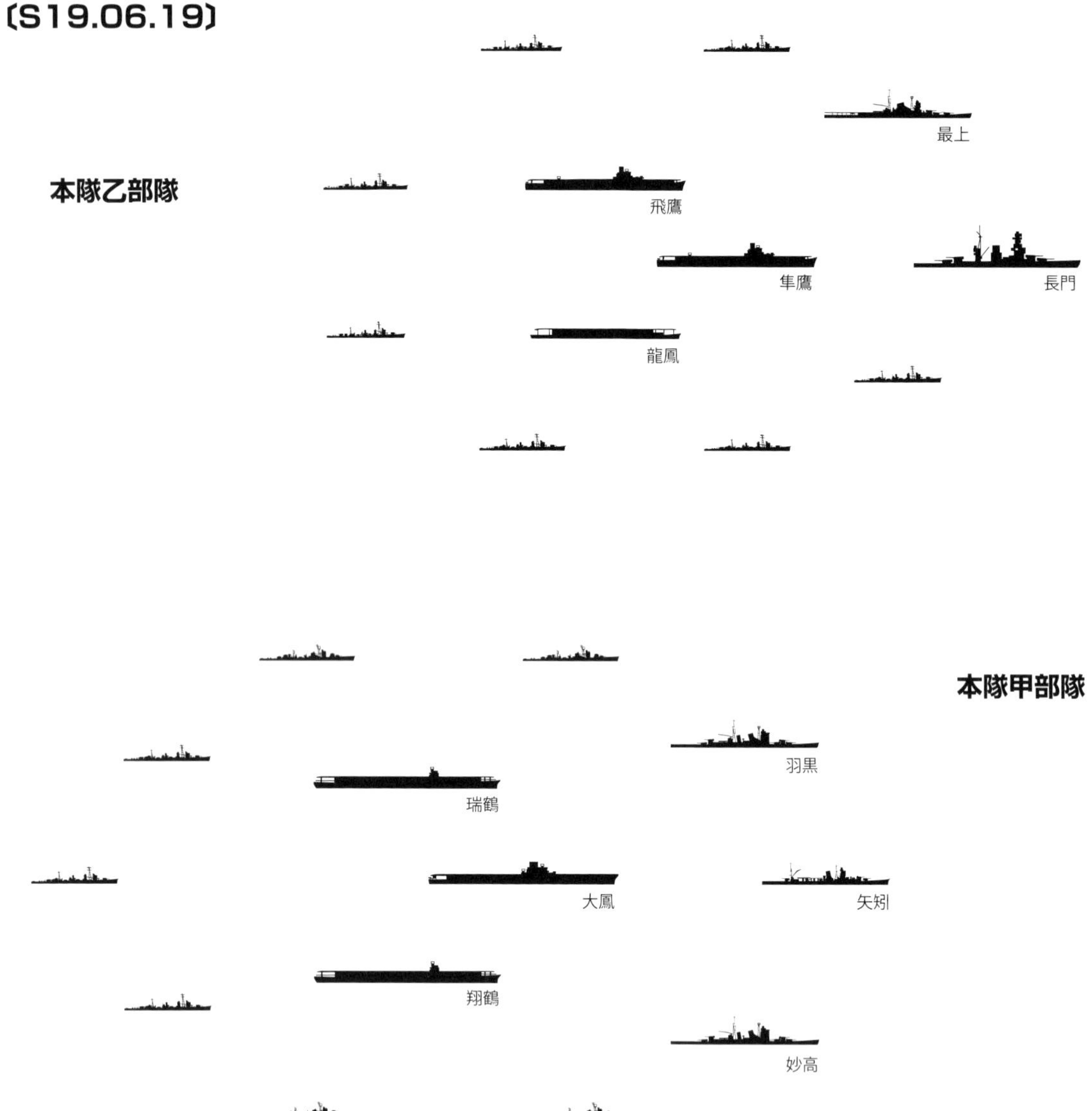

●「あ」号作戦と先遣部隊の作戦計画

「あ」号作戦が計画された際の「先遣部隊」の作戦は、「1」に敵要地の偵察、「2」に敵の奇襲撃滅、「3」に龍巻作戦の実施となっていた（このほかにニューギニアやブーゲンビルへの作戦輸送も実施）。

このうち龍巻作戦は魚雷を携行する「特四式内火艇」を潜水艦で敵機動部隊泊地の環礁外まで輸送して発進、突入させ、その在泊中に撃沈することを狙うものであった。

ところが、実験の結果、エンジンの騒音が大きくて隠密性が確保できず、またリーフを突破するには履帯が心もとないとの理由で5月12日に作戦の延期が決定され、その後消滅した経緯がある。

マリアナ沖海戦におけるアメリカ潜水艦の跳梁とは裏腹に我が潜水艦の活動は不振であった。ここで各潜水艦の動きについては触れないが、その原因は電測兵器、水測兵器の立ち遅れに加え、敵の動きに合わせて朝令暮改式に散界線や配備点を変えるなどの作戦指導のまずさに起因するところが大きく、決して潜水艦自体の士気が低かったためではない。

なお、第6艦隊司令部はトラック空襲後に龍巻作戦の指導もあり将旗を内海西部の「筑紫丸」に移揚していたが、前線指揮のため、6月6日にサイパン島へ前進した。そこで6月15日のアメリカ地上軍の上陸を迎え、玉砕するのである。

■龍巻部隊の兵力部署

区分		主任務	艦隊編成上の所属		兵力
龍巻部隊	龍巻隊		第6艦隊	第15潜水隊	伊36、伊38、伊41、伊44、伊53
	偵察隊	事前偵察			伊10、及び中型潜水艦約4隻
	収容掩護隊				大型潜水艦 約2隻

前衛部隊

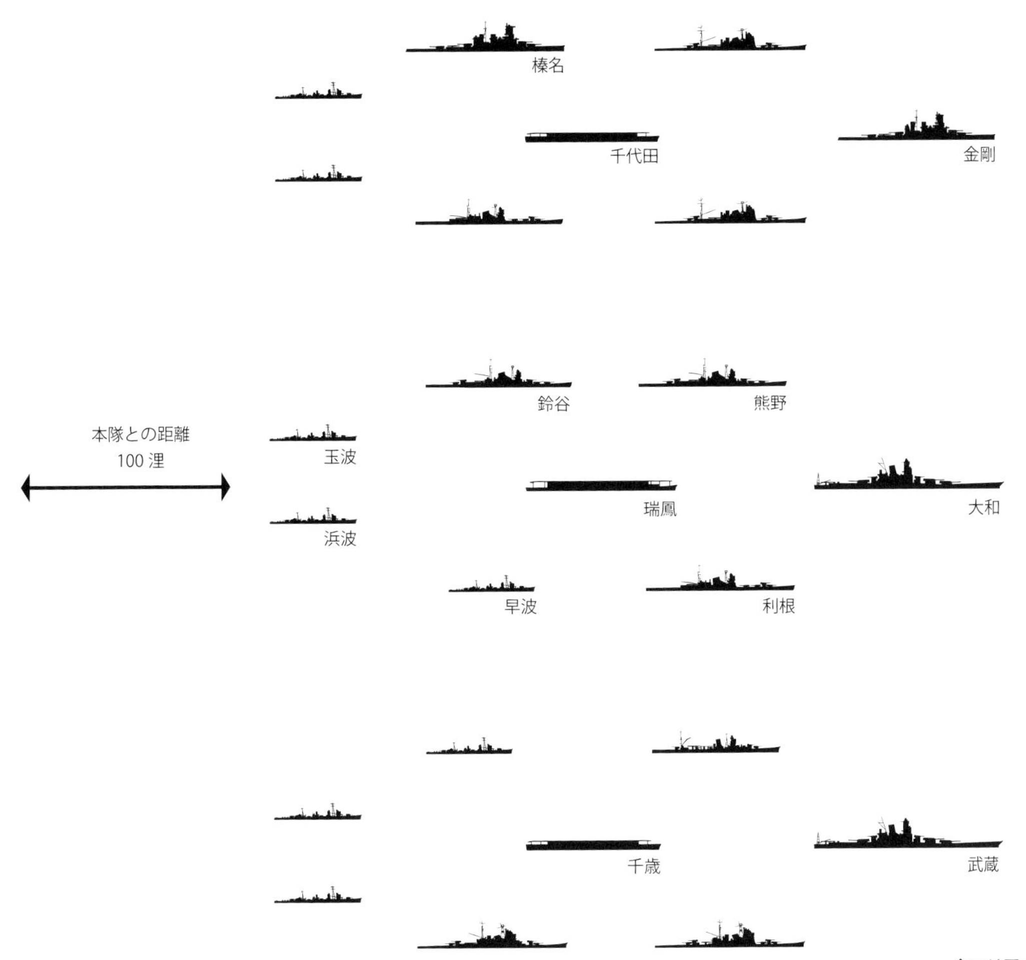

◆マリアナ沖海戦、とくに6月19日の対空陣形については諸説あり、また適宜変更されているため本図は「本隊甲部隊」並びに「本隊乙部隊」と、「前衛部隊」との位置関係を参考とする程度にしていただきたい。

■先遣部隊の兵力部署（「あ」号作戦開始時）

区分		指揮官			兵力	任務
主隊		第6艦隊司令長官			6艦隊司令部	呉にて全般指揮
第1潜水部隊					第7潜水隊（伊6欠）	1　敵艦隊奇襲攻撃、偵察哨戒 2　敵交通破壊 3　敵機動部隊、輸送部隊捕捉攻撃撃滅 4　作戦輸送
					第12潜水隊（伊176欠）	
					第15潜水隊（伊16欠）	
					第22潜水隊（伊177、伊180、伊183欠）	
					第34潜水隊（呂41欠）	
					伊10、伊26	
第7潜水部隊	甲潜水部隊		第7潜水戦隊司令官	第51潜水隊司令	第51潜水隊（呂115欠）	1　哨戒、敵情偵察、敵艦船攻撃 2　敵機動部隊邀撃 3　敵攻略部隊捕捉攻撃
	乙潜水部隊				伊6、伊176、伊183、呂41、呂115	1　作戦輸送 2　敵情偵知 3　敵艦船攻撃
第11潜水部隊			第11潜水戦隊司令官		第11潜水戦隊 海雲丸	内海に在りて訓練及び整備
附属部隊					第6艦隊偵察機隊	訓練整備、航空関係につき潜水艦に協力
					ＰＱ基地隊	ＰＱ基地隊関連事項
備考	他部隊に編入中のもの 第8潜水戦隊（伊26欠）：南西方面部隊 伊177、伊180：北方部隊					

◆PQ基地隊は大浦崎と情島の甲標的、回天などの基地

07. 昭和19年8月15日の艦隊編制

071 健在の水上艦艇で起死回生を図る

〈艦隊〉	〈戦隊〉	〈隊〉	〈艦艇・航空隊〉	〈特設艦艇・特設飛行隊・陸上部隊〉	司令官
連合艦隊					豊田副武大将（33）
			大淀		
	第22戦隊			長運丸 第1、2、3、4監視艇隊	久宗米次郎少将（41）
	第3水雷戦隊（※1）		名取		江戸兵太郎少将（40）
		第22駆逐隊	皐月、夕凪		
		第30駆逐隊	卯月、夕月、松風、夕凪		
	第11水雷戦隊		長良、桑、槇、桐		高間　完少将（41）
		第43駆逐隊	松、竹、梅、桃		
	第1連合通信隊		東京海軍通信隊	大和田通信隊	
	附属 附属		扶桑、山城、五十鈴、鳳翔、秋津洲、夕風、響、干珠、笠戸、三宅、満珠、摂津、矢風、波勝、宗谷、神威、摂津、第22号海防艦、第1、2、3、4、5号輸送艦、第28、30、33号駆潜艇	横須賀鎮守府第1特別陸戦隊、佐世保鎮守府第101特別陸戦隊 第36共同丸、氷川丸、天應丸、白沙、高砂丸、牟婁丸、大星丸	
		運送艦	間宮、伊良湖、早埼、白埼、荒崎、鞍埼、鶴見、早鞆、洲埼、隠戸、速吸	新玉丸、国洋丸、旭東丸、日栄丸、帝洋丸、興川丸、良栄丸、第101、102、103、104、105、127、129、130,131、132、135、149、150、151、152、153号特設輸送艦、五隆丸、第3播州丸、白令丸、北神丸、神洋丸、タラカン丸、共栄丸、第2菱丸、第2共栄丸、第2永洋丸、栄邦丸、旭邦丸、堆鳳丸、萬栄丸、第3共栄丸	
第2					福留　繁中将（40）
航空	第21航空戦隊		台湾航空隊		
艦隊	第25航空戦隊		南西諸島航空隊		
			第141航空隊	偵察第3、4飛行隊、804飛行隊	
			第221航空隊	戦闘308、312、313、407飛行隊	
			第341航空隊	戦闘401、402飛行隊	
			第762航空隊	攻撃第3、405、406、708飛行隊	
			第1022航空隊、九州航空隊		
	附属			第148、150防空隊	
第3					吉良俊一中将（40）
航空	第27航空戦隊		南方諸島航空隊	硫黄島警備隊	
艦隊			第131航空隊	偵察11飛行隊、戦闘851飛行隊	
			第252航空隊	戦闘302、315、316、317飛行隊	
			第752航空隊	攻撃5、256、703飛行隊	
			第801航空隊、関東航空隊 第210航空隊（9/15新編）		
	附属			第204設営隊	

※1：8/20付けで第3水雷戦隊を基幹として第31戦隊が編成された（85ページコラム参照）。
※2：第1航空戦隊の第1機動艦隊／第3艦隊司令部直率を取止め、10/1付けで新たに第1航空戦隊司令部が創設された。
※3：10/1付けで第3航空戦隊司令部が廃止され、第1機動艦隊／第3艦隊司令部の直率となる。
※4：634空にはこの他に固有の「彗星」艦爆隊、「天山」艦攻隊、「瑞雲」水偵隊がある。
※5：大鳳と翔鶴はマリアナ沖海戦で沈没しているが、書類上残っている。
※6：呂501はドイツから譲渡された2隻目のUボート（U-1224）であったが、5/13に大西洋上で撃沈されていた。
※7：このほかに51航戦附属夜間戦闘機隊があった。

昭和19年8月15日の艦隊編制

第1機動艦隊						小沢治三郎中将（37）
	第2艦隊					栗田健男中将（38）
		第4戦隊		愛宕、高雄、摩耶、鳥海		第2艦隊司令長官直率
		第1戦隊		大和、武蔵、長門		宇垣　纏中将（40）
		第3戦隊		金剛、榛名		鈴木義尾中将（40）
		第5戦隊		妙高、羽黒		橋本信太郎少将（41）
		第7戦隊		熊野、鈴谷、利根、筑摩		白石万隆少将（42）
		第2水雷戦隊		能代、島風		早川幹夫少将（44）
			第2駆逐隊	早霜、秋霜、清霜		
			第27駆逐隊	時雨、五月雨		
			第31駆逐隊	長波、沖波、岸波、朝霜		
			第32駆逐隊	藤波、濱波		
	第3艦隊					第1機動艦隊司令長官直率
		第1航空戦隊		雲龍、天城		第3艦隊司令長官（※2）
				第601航空隊	偵察61飛行隊、攻撃161、262飛行隊、戦闘161、162飛行隊	
		第3航空戦隊		瑞鶴、千歳、千代田、瑞鳳		大林末雄少将（43）（※3）
				第653航空隊	戦闘164、165、166飛行隊、攻撃263飛行隊	
		第4航空戦隊		伊勢、日向、隼鷹、龍鳳		松田千秋少将（44）
				第634航空隊	戦闘163、167飛行隊（※4）	
		第10戦隊		矢矧		木村　進少将（40）
			第4駆逐隊	野分、山雲、満潮、朝雲		
			第17駆逐隊	浦風、磯風、浜風、雪風		
			第41駆逐隊	霜月、冬月（修理中）		
			第61駆逐隊	秋月、涼月、初月		
		附属		最上、（大鳳）、（翔鶴）（※5）		
第6艦隊						三輪茂義中将（39）
				伊10		
			第7潜水隊	伊5		
			第15潜水隊	伊53		
			第34潜水隊	呂41、呂43、呂45、呂46、呂49、呂50		
		第7潜水戦隊		伊361、伊362		大和田　昇少将（44）
		第8潜水戦隊		伊8、伊37、伊52、伊165、伊166、呂113、呂115、呂501（※6）		魚住治策少将（42）
		第11潜水戦隊		長鯨、伊12、伊46、伊47、伊56、伊363、伊364、伊365、伊366、呂49、呂50		石崎　昇少将（42）
		附属		筑紫丸	第30、31潜水艦基地隊	
北東方面艦隊						戸塚道太郎中将（38）
	第5艦隊					志摩清英中将（39）
		第21戦隊		那智、足柄、多摩、木曽		第5艦隊司令長官直率
		第1水雷戦隊		阿武隈		木村昌福少将（41）
			第7駆逐隊	曙、潮		
			第18駆逐隊	霞、不知火		
			第21駆逐隊	初春、若葉、初霜		
			輸送艦		日帝丸	
	第12航空艦隊					北東方面艦隊司令長官直率
		第51航空戦隊		第203航空隊	戦闘303、304飛行隊	
				第502航空隊	攻撃102飛行隊	
				第553航空隊	攻撃103、252飛行隊	
				第701航空隊	攻撃702飛行隊	
		附属		第452航空隊（※7）		
		千島方面根拠地隊		国後、八丈	第3魚雷艇隊 第51、52、53警備隊 第15輸送隊 占守通信隊	
			第1駆逐隊	野風、神風、波風（修理中）		
第4艦隊						原　忠一中将（39）
		第4根拠地隊			第41、42、67警備隊 第4通信隊、第4港務部	
		第5特別根拠地隊			第44、54、55、56警備隊	
		第6根拠地隊			第62、63、64、65、66警備隊	
		附属			第85潜水艦基地隊 横鎮第2特別根拠地隊 第82、83防空隊 横須賀鎮守府第2特別陸戦隊 第216、217、218、221、223、227設営隊	
			運送艦	杵埼	和洋丸、間宮丸	

南東方面艦隊						草鹿任一中将（37）
	第8艦隊					鮫島具重中将（37）
		第1根拠地隊			佐世保鎮守府第6特別陸戦隊、呉鎮守府第7特別陸戦隊 第87警備隊 第1通信隊 第1輸送隊	
		附属		第938航空隊		
	第11航空艦隊					南東方面艦隊司令長官直率
		附属		第958航空隊	第105航空基地隊 第18、20、26、28、32、34、211、212設営隊	
			輸送艦		巴蘭丸	
		第8根拠地隊			第8潜水艦基地隊 第8通信隊 第8港務部 第81、86、89警備隊	
		第14根拠地隊			第83、88警備隊	
		附属			第11、22魚雷艇隊 第2輸送隊 第101、121、131設営隊	
			輸送艦		興和丸、昌宝丸	
南西方面艦隊						三川軍一中将（38）
		第16戦隊		青葉、鬼怒、大井、北上		左近允尚正少将（40）
			第19駆逐隊	浦波、敷波		
	第1航空艦隊					寺岡謹平中将（40）
		第22航空戦隊		東カロリン航空隊		
		第23航空戦隊		濠北航空隊		
		第26航空戦隊		菲島航空隊		
		第61航空戦隊		マリアナ航空隊、西カロリン航空隊		
				第153航空隊	偵察102飛行隊、戦闘311、901飛行隊	
				第201航空隊	戦闘301、305、306飛行隊	
				第761航空隊	攻撃105、251、401、704飛行隊	
				第1021航空隊		
	第1南遣艦隊					田結　穣中将（39）
		第9特別根拠地隊		初鷹	永興丸	
		第10特別根拠地隊		第34号掃海艇、第63号駆潜艇	第44、54、55、56警備隊 第10港務部 第23衛所隊	
		第11特別根拠地隊		第41、43号駆潜艇、	永福丸	
		第12特別根拠地隊		雁	第14、25警備隊、	
		第13根拠地隊			第12、13、17警備隊 第12通信隊	
		第15根拠地隊		第11駆潜隊	第9警備隊 第11潜水艦基地隊	
		附属		八重島、天津風 第11航空隊、第12航空隊、第13航空隊、第936航空隊	第21魚雷艇隊 第40、231、234設営隊	
	第2南遣艦隊					河瀬四郎中将（38）
		第21特別根拠地隊		第11、12、101号掃海艇、第1、2、3号駆潜艇、第104号哨戒艇 第932航空隊	第21潜水艦基地隊 第1港務部 第3警備隊	
		第22特別根拠地隊		第4、5、6号駆潜艇、第2、36、108号哨戒艇	第2港務部 第2警備隊	
		第23特別根拠地隊		第8号哨戒艇		
		第24特別根拠地隊			第4、6警備隊	
		附属		第102、106号哨戒艇	萬洋丸、大興丸 第7輸送隊、第213設営隊	
	第3南遣艦隊					南西方面艦隊司令長官直率
		第30根拠地隊		測天、第21、22号掃海艇 第31駆潜隊	第30港務部 第3通信隊 第6輸送隊 第45、46警備隊	
		第32特別根拠地隊		第30号掃海艇、第55号駆潜艇	第10輸送隊 第32通信隊 第33警備隊	
		第33特別根拠地隊			第36警備隊	
		附属		唐津、隼、第28号掃海艇、第19、20、21、31、32、36、45、46号駆潜艇、第103、105、107号哨戒艇 第31航空隊、第954航空隊、第955航空隊	木曾丸 第21駆潜隊 第12、25、31魚雷艇隊 第31港務部 第205、206、214、215、225、235、302、312、331設営隊 第9輸送隊 第116、117、120防空隊	

	第4南遣艦隊					山縣正郷中将（39期）
				厳島		
		第25特別根拠地隊		若鷹	第125駆潜隊 第7、21警備隊 第25通信隊	
		第26特別根拠地隊		蒼鷹、雉、第4、5号掃海艇、第53、60号駆潜艇	第20警備隊 第24通信隊	
		第28根拠地隊		第26、34、35号駆潜艇	第18、19、91警備隊	
		附属		帆風 第934航空隊	第3輸送隊 第33、105、118防空隊 第24、201、202、203、224、232、241設営隊	
	第13航空艦隊					南西方面艦隊司令長官直率
		第28航空戦隊		第331航空隊、第705航空隊、第851航空隊		
		附属		第381航空隊	戦闘602、902飛行隊	
				馬来航空隊、東印航空隊（両10/1新編）	第102、104航空基地隊	
		第27特別根拠地隊				
		第3連合通信隊		第10、21、31通信隊		
		附属		勝力	南海 第36警備隊設営隊	
			運送艦	知床	神盛丸、天塩丸、生田川丸、金鈴丸、利水丸、昌栄丸、第18日正丸、日栄丸、朝威丸、大朝丸、折興丸、国津丸、笠置山丸、喜多丸、千光丸、第16日正丸、亞南丸、大島丸	
支那方面艦隊						
	第2遣支艦隊					
				嵯峨、舞子、初雁		
		香港方面特別根拠地隊			香港港務部 広東警備隊	
		厦門方面特別根拠地隊				
	海南警備府			第254海軍航空隊	横鎮第4特別陸戦隊、舞鎮第1特別陸戦隊、佐鎮第8特別陸戦隊 第15、16警備隊	
	附属			256海軍航空隊		
		上海海軍特別陸戦隊		鳥羽、安宅、宇治、興津、栗、栂、蓮	舟山島警備隊、南京警備隊 上海港務部	
		揚子江方面特別根拠地隊		須磨、多々良、勢多、堅田、保津、熱海、二見、伏見、隅田、比良、鳴海	九江警備隊	
		青島方面特別根拠地隊			首里丸	
			輸送艦	野埼	第21播州丸、興隆丸、第7大源丸	
海上護衛総司令部						野村直邦大将（兼）
				大鷹(8/18沈没)、雲鷹、神鷹、海鷹、香椎		
		第18戦隊		常磐	高栄丸、西貢丸、新興丸、	水井静治（40）
		第1海上護衛隊		白鷹、汐風、朝風、春風、呉竹、朝顔、松輪、佐渡、択捉、對馬、占守、倉橋、屋代、草垣、平戸、御蔵、日振、沼南、第1、2、3、5、6、7、8、9、10、11、13、14、15、16、18、20、25、26、28、32号海防艦、鳩、鵯、鵲、第17、18号掃海艇、第38号哨戒艇	華山丸、北京丸、長寿山丸	中島寅彦中将
			第1海防隊			
		附属		第453航空隊、第901航空隊、第931航空隊	第1、2、3、4、5、6、7、8護衛船団司令部	

●実戦航空隊が航空戦隊の指揮を離れる

太平洋戦争中、基地航空隊は所属の航空戦隊の指揮を受けて作戦を行なっていたが、昭和19年6月に始まったマリアナ決戦以降、実際に飛行隊を指揮下に置いて戦う航空隊（主に番号冠称の名前のもの）は「甲航空隊」と分類され、これを航空艦隊が直率し、直接作戦指揮を執るようになる。78ページからの表を見ていただければ、航空艦隊の下に直接、番号冠称の航空隊が隷属していることがおわかりいただけるだろう。

一方、複数の航空基地の管理を担当する、地名や地域名を冠した「乙航空隊」と分類される部隊が編成されるようになった。例外を除き、航空戦隊はこうした乙航空隊を管理する組織として生まれ変わったのである（終戦直前にまた体制が変わる）。

甲航空隊は敵の来攻方面に対して迅速に移動し、当該航空基地を管理する乙航空隊から機体の整備や補給、糧食の手当てを受けて戦うという目論見だったが、実際には両者がかみ合わない場合が多かった。

横須賀 鎮守府 部隊			澤風、旗風、八十島、五百島、隠岐、天草、第12号海防艦、千鳥、第50、51、52号駆潜艇 第302航空隊、第1001航空隊、第1081海軍航空隊	桂川丸、春島丸 第2魚雷艇隊 横須賀海兵団 武山海兵団、浜名海兵団 横須賀潜水艦基地隊 横須賀海軍港務部 横須賀海軍通信隊 東京警備隊、南鳥島警備隊 横須賀海軍警備隊、横須賀第1、2、3警備隊、田浦警備隊、久里浜第1、2、3警備隊、館山警備隊 呉鎮第101特別陸戦隊、佐鎮第102特別陸戦隊 第21輸送隊 第166、167、168、169、170、201、202、203、204、205、206、207防空隊 第134、135、136、137、138、139防空隊 第151、183、184、185、186、187、188防空隊 第301、303、304、305、306、307、308、309、310設営隊	
			横須賀航空隊（※8）	偵察第301飛行隊、戦闘第701飛行隊、攻撃第501飛行隊	
		第6潜水隊	呂57、呂58、呂59		
	横須賀防備戦隊		第25、27号掃海艇、第42、44、47、48号駆潜艇、猿島 館山海軍航空隊	横須賀防備隊、女川防備隊 第1掃海隊	
	父島方面特別根拠地隊		父島航空隊	父島通信隊	
	第3海上護衛隊		駒橋、海防艦4号、駆潜艇14号、哨戒艇46号	第26掃海隊 伊勢防備隊	
	第11連合航空隊		霞ヶ浦航空隊、筑波航空隊、谷田部航空隊、百里原航空隊、名古屋航空隊、鹿島航空隊、北浦航空隊、大津航空隊、神ノ池航空隊、第2郡山航空隊、第2河和航空隊、豊橋航空隊、松島航空隊		
	第13連合航空隊		大井航空隊、鈴鹿航空隊、上海航空隊、青島航空隊、徳島航空隊、洲ノ埼航空隊、垂水航空隊、第2鹿屋航空隊、高知航空隊、藤沢航空隊		
	第18連合航空隊		相模野航空隊、第2相模野航空隊、追浜航空隊、河和航空隊、郡山航空隊、香取航空隊、人吉航空隊、岡崎航空隊、串良航空隊、第2串良航空隊、第2出水海軍航空隊		
	第19連合航空隊		土浦航空隊、三重航空隊、鹿児島航空隊、美保航空隊、松山航空隊、福岡航空隊、滋賀航空隊		
		輸送艦		弥生丸、乾祥丸、九州丸	
佐世保 鎮守府			野登呂、鹿島 佐世保航空隊、第352航空隊	第27魚雷艇隊 佐世保海兵団、相浦海兵団、針尾海兵団 佐世保防備隊 佐世保海軍警備隊 佐世保潜水艦基地隊 佐世保海軍港務部 佐世保海軍通信隊川棚警備隊 第22輸送隊 第147、149、181、182防空隊 第226、321、322、323、324、325、326、327、328設営隊	
	第4海上護衛隊		友鶴、真鶴、第30号海防艦、第15号掃海艇、第49、58号駆潜艇 沖縄航空隊	富津丸	
	沖縄方面根拠地隊		燕	第43掃海隊 大島防備隊	
		輸送艦		昭慶丸、第2号興東丸、しろがね丸、とよさか丸、萬光丸、辰和丸	
呉 鎮守府			呉航空隊、第332航空隊	呉海兵団、大竹海兵団 呉潜水艦基地隊 呉海軍港務部 徳山海軍港務部 呉海軍通信隊 呉警備隊、大竹警備隊、防府警備隊 第311、313、314、315、316、317、318設営隊	
	呉防備戦隊		由利島、怒和島 佐伯航空隊	第33、34掃海隊 佐伯防備隊 下関防備隊	

		対潜訓練隊（※9）	呂68、呂500、鵜來、大東、沖縄、海防 艦21、27、29、38、43、56、130号、掃海艇41号、駆潜艇56号、網代		
	呉潜水戦隊		迅鯨、呂109、呂112	こがね丸	
		第19潜水隊	伊121、伊122、伊155、伊156、伊157、伊158、伊159、伊162		
		第33潜水隊	呂62、呂63、呂64、呂67		
	呉練習戦隊		鹿島、八雲、磐手、出雲		
	第12連合航空隊		宇佐航空隊、博多航空隊、姫路航空隊、大村航空隊、出水航空隊、詫間航空隊、第2美保航空隊、築城航空隊、国分航空隊、元山航空隊		
	第1特別基地隊				
		輸送艦		山鳥丸、洛東丸、たるしま丸	
舞鶴					
鎮守府			新井埼 舞鶴航空隊	第35掃海隊 舞鶴海兵団 舞鶴防備隊 舞鶴潜水艦基地隊 舞鶴海軍港務部 舞鶴海軍通信隊 舞鶴海軍警備隊 第332、333設営隊	
高雄					
警備府			前島、駆潜艇61号 第953航空隊	長白山丸 第21、45掃海隊 高雄海兵団 高雄海軍警備隊 高雄海軍港務部 高雄海軍通信隊 第130、161、162、163防空隊	
	馬公方面特別根拠地隊				
	第14連合航空隊		高雄航空隊、台南航空隊、虎尾航空隊、第2台南航空隊、第2高雄航空隊		
		輸送艦		重興丸、広田丸、北比丸、岩戸丸	
大湊					
警備府			大泊、能美、福江、駆潜艇15号、石埼 大湊航空隊	千歳丸、第2号新興丸 第28、52掃海隊 第52砲艇隊 大湊防備隊、宗谷防備隊、厚岸防備隊 大湊海軍港務部 大湊海軍通信部 大港潜水艦基地隊	
鎮海					
警備府			巨済、済州、掃海艇20号 鎮海航空隊	第48、49掃海隊 鎮海海兵団 鎮海防備隊 鎮海海軍港務部 鎮海海軍通信隊	
	羅津方面特別根拠地隊			羅津通信隊	
	旅順方面特別根拠内隊				
大阪					
警備府			串本航空隊、小松島航空隊	那智丸 第32掃海隊 大阪通信隊 紀伊防備隊	
海軍省					
		輸送艦	室戸	能代丸、さんとす丸、りをん丸、慶洋丸、聖川丸、浅香丸、国川丸、護国丸、興業丸、桧山丸、南海丸、君川丸、球磨川丸、讃岐丸 朝嵐丸、極洋丸、神鳳丸、みりい丸、衣笠丸、太隆丸、龍田川丸、第8信洋丸、第10雲海丸、第2号日吉丸、第10福栄丸、正生丸、菱丸、愛天丸、御室山丸、室津丸、第2号永興丸、萬龍丸、東照丸、彦島丸、第8桐丸、西亞丸、江ノ島丸、長和丸、香久丸、金泉丸、第7博鉄丸、第15博鉄丸、日輪丸、第2日正丸、寿山丸、第3東洋丸、辰宮丸、辰春丸、筥崎丸、山東丸	

※8：横須賀航空隊にはこの特設飛行隊のほかに固有の戦闘機隊、艦爆、艦攻、陸爆隊、陸攻隊、水上機隊などがあった。
※9：対潜訓練隊は新造海防艦の訓練を担当するため、呉防備戦隊の対潜指導班を建制化したもの。

マリアナ沖海戦敗北から捷号決戦体制への移行

昭和19年6月19～20日が決戦となったマリアナ沖海戦は、「大鳳」「翔鶴」「飛鷹」が沈んだほか、300機に及ぶ航空機とその搭乗員を失って、ミッドウェー海戦を上回る記録的大敗に終わった。

サイパン島からアメリカ上陸部隊を追い落とすことはおろか、空母機動部隊を蹴ちらすことができなかった日本陸海軍は以後、2ヶ月あまりの地上戦闘でサイパン、テニアン、グァムの3島を失陥してしまう（ロタ島にだけ上陸がなく、終戦を迎える）。

これらの戦いにより、マリアナ方面の防衛を担当するために創設された「中部太平洋方面艦隊」は壊滅、司令長官の南雲忠一中将以下幕僚たちもサイパンで戦死したほか、機動基地航空部隊の呼び声も高く、全軍の期待をになって登場した「第１航空艦隊」の各航空隊も全滅に近い打撃をこうむり、司令長官の角田覚治中将もテニアン島で戦死した。

こうした状況を受けて、大本営は敵の来攻方面によって決戦方面を4つに分けた「捷」号作戦の準備体制に入り、海軍も昭和19年８月15日に残存兵力を中心とする艦隊編制の改定を行なった。

まず、基地航空部隊であるが、戦力を失った「第１航空艦隊」は、フィリピンのダバオへ落ち延び、フィリピンや東南アジア方面の作戦を担当する「南西方面艦隊」の指揮下で戦力再建を図る。

「第1航空艦隊」の後詰とみなされていた「第62航空戦隊」は「第2航空艦隊」の基幹兵力となり、九州、台湾、南西諸島方面の作戦にあたる。関東を中心とした東日本方面の作戦を担当する「第３航空艦隊」も編成された。

一方で水上艦艇のほうに目を向けると、第１機動艦隊第２艦隊の戦艦・巡洋艦部隊は被害が少なく、改定後も顔ぶれがほとんど変わっていない。不沈戦艦「大和」「武蔵」、ビッグ7と称された「長門」を擁する強力な決戦部隊である。1万トンクラスの重巡洋艦群はいまだ健在だ。

第2艦隊の面々は、今度こそ自分たちの主砲や魚雷で敵艦隊を壊滅させられると意気軒昂であった。彼らはいまだ負け知らずなのである。

S19.07.26に指示された捷号作戦区分

作戦区分	作戦方面
捷一号	比島方面
捷二号	九州南部、南西諸島及び台湾方面
捷三号	本州、四国、九州方面及び状況により小笠原諸島方面
捷四号	北海道方面

ところが、空母機動部隊である第３艦隊は勢力半減以下となったため、早期に全てを再編成することは困難であった。

そのため、まずはマリアナ沖海戦で比較的母艦に被害の少なかった「第3航空戦隊」を優先的に再建する方針を定め、「第１航空戦隊」で唯一残った空母「瑞鶴」をここへ転属させ、「千歳」「千代田」「瑞鳳」との４隻体制とし、小破した「千代田」は修理を急ぐ。

搭載する第653航空隊は特設飛行隊制に移行、解隊された第652航空隊の搭乗員を再建に投入する。

「第2航空戦隊」で生き残った「隼鷹」「龍鳳」はともに中破しており、その修理には時間がかかりそうだった。この2隻は航空戦艦「伊勢」「日向」で編成されていた「第４航空戦隊」に編入する。

このため4航戦搭載用に編成されていた第634航空隊は従来のカタパルト射出用の「彗星」艦爆隊と水上偵察機「瑞雲」隊に、2個特設飛行機隊と「天山」艦攻隊が加わった。

所属艦のなくなった「第１航空戦隊」には、８月に完成したばかりの新鋭中型空母「雲龍」「天城」が編入された。

両艦に搭載する予定の第601航空隊も特設飛行隊制となり、これは「葛城」や「信濃」の竣工を待ちながらじっくり精兵として再建する腹づもりである。

軽巡洋艦「大淀」は連合艦隊の単独旗艦として内地にあり、豊田司令長官はここから作戦指揮を行なっていた。しかし軍令部は、海上から指揮を執るという形式ばった指揮官先頭思想よりも、作戦を執るうえでの実用性を優先して、８月４日、司令部を陸上に移すことを提議し、

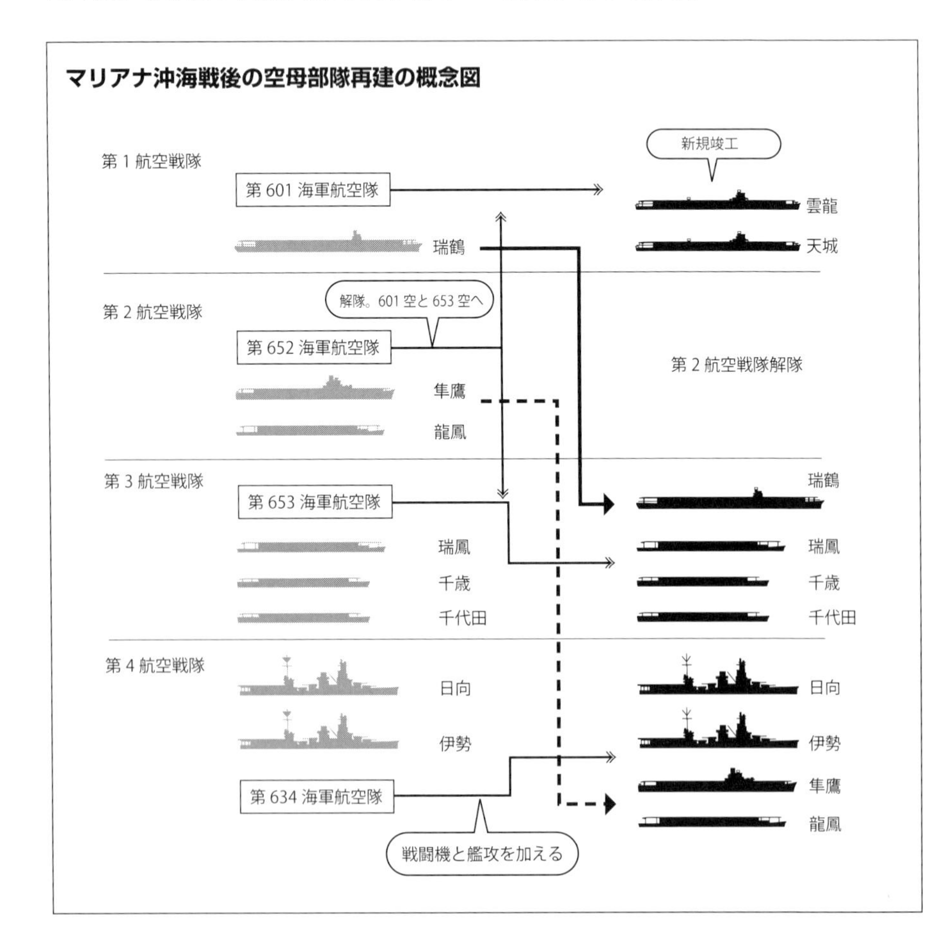

●対潜キラーグループ「第31戦隊」の編成と形骸化

太平洋戦争の開戦からしばらくした昭和17年4月、日本海軍は「第1海上護衛隊」と「第2海上護衛隊」を編成し、それぞれ「第4艦隊」と「第3南遣艦隊」に編入して輸送船の護衛を行なうようになった。やがて昭和18年6月頃から船団護衛に特化した、従来の性質とは異なる海防艦が竣工しはじめて順次増勢されたが、敵潜水艦による被害は拡大する一方で、時には狩る立場であるはずの駆逐艦や海防艦でさえ撃沈されるようになる。

このため、昭和18年11月には海上護衛総司令部が創設されて統合的な海上護衛が試みられるようになり、それまで連合艦隊に付属し、飛行機運搬艦として使用するのみであった「大鷹」型改造空母がここに編入されて対潜哨戒などに使われるようになった。

しかし、これはあくまで護衛船団に随伴して航空機による対潜哨戒を実施する受動的な扱いのものであり、昭和19年8月20日、積極的に敵潜水艦を探してこれを撃沈する「対潜機動部隊」たるべく「第31戦隊」が新編成される。その様子は表のとおりであるが、大本営の計画では竣工した丁型駆逐艦や海防艦を順次編入し、対潜航空隊も増強、最終的に駆逐隊3隊、海防隊2隊、航空隊1隊の編成にするつもりであった。

対潜撃滅戦隊と期待されたこの「第31戦隊」は連合艦隊隷下に組み込まれた。船団に随伴させての直接護衛に使いたかった海上護衛総隊司令部では落胆したが、それは対潜機動部隊としての在り方ではない。船団の行動にかかわらず、自由に敵潜水艦を探索して撃滅するのが本来の目的なのである。

しかし、連合艦隊の主力が次々と姿を消していくなかで「第31戦隊」の存在感は俄然高まり、対潜掃蕩だけではなくオールラウンドで活躍。連合艦隊でも有数の水上作戦部隊して終戦を迎えることとなる。

●第31戦隊の当初の編制

編制		所属艦艇	旧所属
第31戦隊		五十鈴（※1）	連合艦隊附属
	第30駆逐隊	夕月、卯月、皐月、夕凪(※2)	第3水雷戦隊
	第43駆逐隊	梅、竹、桃、松(※3)	第11水雷戦隊
		干珠、満珠、三宅、笠戸、第22号海防艦	連合艦隊附属

※1：当初は第3水雷戦隊旗艦名取の予定であったが、8/18沈没。
※2：夕凪は8/25沈没。　※3：松は8/4沈没。

◆その後の増勢
9/1：第933航空隊新編成のうえ編入。
9/10：第43号海防艦編入。
9/30：駆逐艦槇編入
10/13：桐を第11水雷戦隊から第43駆逐隊へ、第29、31号海防艦を呉防備戦隊から編入
10/20：三宅、笠戸、干珠、満珠により第21海防隊編成

9月29日に横浜の日吉に将旗を移した。「海上護衛総司令部」は昭和18年11月15日にシーレーン保護のため、連合艦隊隷下から独立して組織された部隊だが、ここに空母が4隻所属している。「鷹」型といわれる商船改造空母である。

これらの艤装は攻撃型空母と同等とはいえないものの、それに準じた手間ひまをかけた造りになっており、改造された当初は補助的に攻撃に使用する目論見だったことを示している。

しかし、船速の遅いことが致命的で、とうてい高速機動部隊に随伴もできないことが判明。また、「彗星」のようにちょっと重たい飛行機は着艦はできても発艦ができなかった。

そのため、これまでは連合艦隊附属に編制され、主にトラックなどへの航空機運搬任務に従事していたものである。とはいえこれも立派な任務であり、アメリカ海軍のブリキ空母こと護衛空母もこうした下働きをしていた事実がある。

その「鷹」型空母に対潜哨戒飛行機隊を搭載し、「海上護衛総司令部」の麾下にある「第1海上護衛隊」の駆逐艦や海防艦などの護衛艦艇たちと組ませ、船団護衛を担わせようとしたわけである。

しかし、ようやく海上交通線を護る姿勢を見せた海軍だったが、すでに護るべき輸送船はほぼ壊滅状態であった。

こうした状況のなかの10月20日、アメリカ軍はレイテ島への上陸を端緒として本格的なフィリピン攻略を実施し、日本海軍も近代的海軍の最後の意地をかけた艦隊を出動させるのである。

（畑中／吉野）

◀アメリカ軍レイテに来攻の報を受けて昭和19年10月21日にブルネイを出撃する第1遊撃部隊。画面右から左奥へ「長門」「武蔵」「大和」、そして第4戦隊の高雄型重巡洋艦が続く。空母部隊がマリアナ沖海戦で敗れたりとはいえ彼ら水上艦艇部隊の士気はいまだ高かった。今度は我々が活躍する番だ！　と。

072 捷一号作戦（レイテ沖海戦）参加部隊

レイテ沖海戦参加部隊とその軍隊区分

■レイテ突入の「第1遊撃部隊」

昭和19（1944）年10月18日、米軍がフィリピン中部のレイテ島に上陸すると（日本側判断。実際の上陸は20日だった）、日本海軍はフィリピン方面決戦を意味する「捷一号作戦」を発動した。

その作戦計画は、いまだ健在な戦艦や重巡洋艦を主体とする水上艦艇部隊を突入させ、レイテ湾に在泊して荷揚げ中の敵攻略船団を叩くことにあり、マリアナ沖海戦で壊滅した「機動部隊」は残存空母が囮部隊となって敵を誘致するものとされた。この、直衛機を持たない殴り込み艦隊の主力が「第1遊撃部隊（略称：1YB）」である。

区分は「第1部隊（第1夜戦部隊）」、「第2部隊（第2夜戦部隊）」、「第3部隊（第3夜戦部隊）」とされるが、注目すべきはそれらに与えられた主要任務であった。

第1部隊、第2部隊は「一　敵水上部隊撃滅」「二　敵船団及び上陸軍撃滅」、第3部隊は「一　敵船団及び上陸軍撃滅」「二　敵水上部隊牽制攻撃」となっており、主力中の主力といえる第1、第2部隊の優先攻撃目標が敵水上部隊となっていた。これは敵輸送船の攻撃を渋る（場合によっては刺し違えることになる）「第1遊撃部隊」の幹部が、出撃前の連合艦隊首脳部との打ち合わせの席上で「有力な敵艦隊を発見したらこれを優先して叩いてよい」との言質を得たことによるが、これがのちに「謎の反転」の要因にもなったのである。

第1遊撃部隊主力は栗田健男中将が指揮官であることからしばしば“栗田艦隊”と称され、第1部隊（栗田司令長官直率）、

■第1遊撃部隊（1YB）の軍隊区分と艦艇

軍隊区分	艦隊編制上の所属				兵力	指揮官
第1部隊						栗田健男中将
(第1夜戦部隊)	第1機動艦隊	第2艦隊	第4戦隊		愛宕、高雄、鳥海、摩耶	
			第1戦隊		大和、武蔵、長門	宇垣纏中将
			第5戦隊		妙高、羽黒	橋本信太郎少将
			第7戦隊		熊野、鈴谷、利根、筑摩	白石萬隆少将
			第2水雷戦隊		能代	早川幹夫少将
				第2駆逐隊	早霜、秋霜	白石長義大佐
				第31駆逐隊	岸波、沖波、朝霜、長波	福岡徳治郎大佐
				第32駆逐隊	藤波、浜波	大島一太郎大佐
				付属	島風	
第2部隊						鈴木義尾中将
(第2夜戦部隊)		第2艦隊	第3戦隊		金剛、榛名	鈴木義尾中将
			第7戦隊		熊野、鈴谷、利根、筑摩	白石萬隆少将
		第3艦隊	第10戦隊		矢矧	木村進少将
				第17駆逐隊	浦風、磯風、濱風、雪風	谷井　保大佐
				附属	野分、清霜	
第3部隊						西村祥治中将
(第3夜戦部隊)		第2艦隊	第2戦隊		山城、扶桑	西村祥治中将
			附属		最上	
		第3艦隊	第10戦隊	第4駆逐隊	満潮、朝雲、山雲	高橋亀四郎大佐
				第27駆逐隊	時雨	司令欠
第1補給部隊					雄鳳丸、八紘丸、厳島丸、萬栄丸、日邦丸、御室山丸	第11運航指揮官
					千振、由利島、第19号海防艦	
第2補給部隊					日栄丸、良栄丸	先任指揮官
					倉橋、三宅、満珠	

◆第1補給部隊、第2補給部隊は海戦には参加せず。

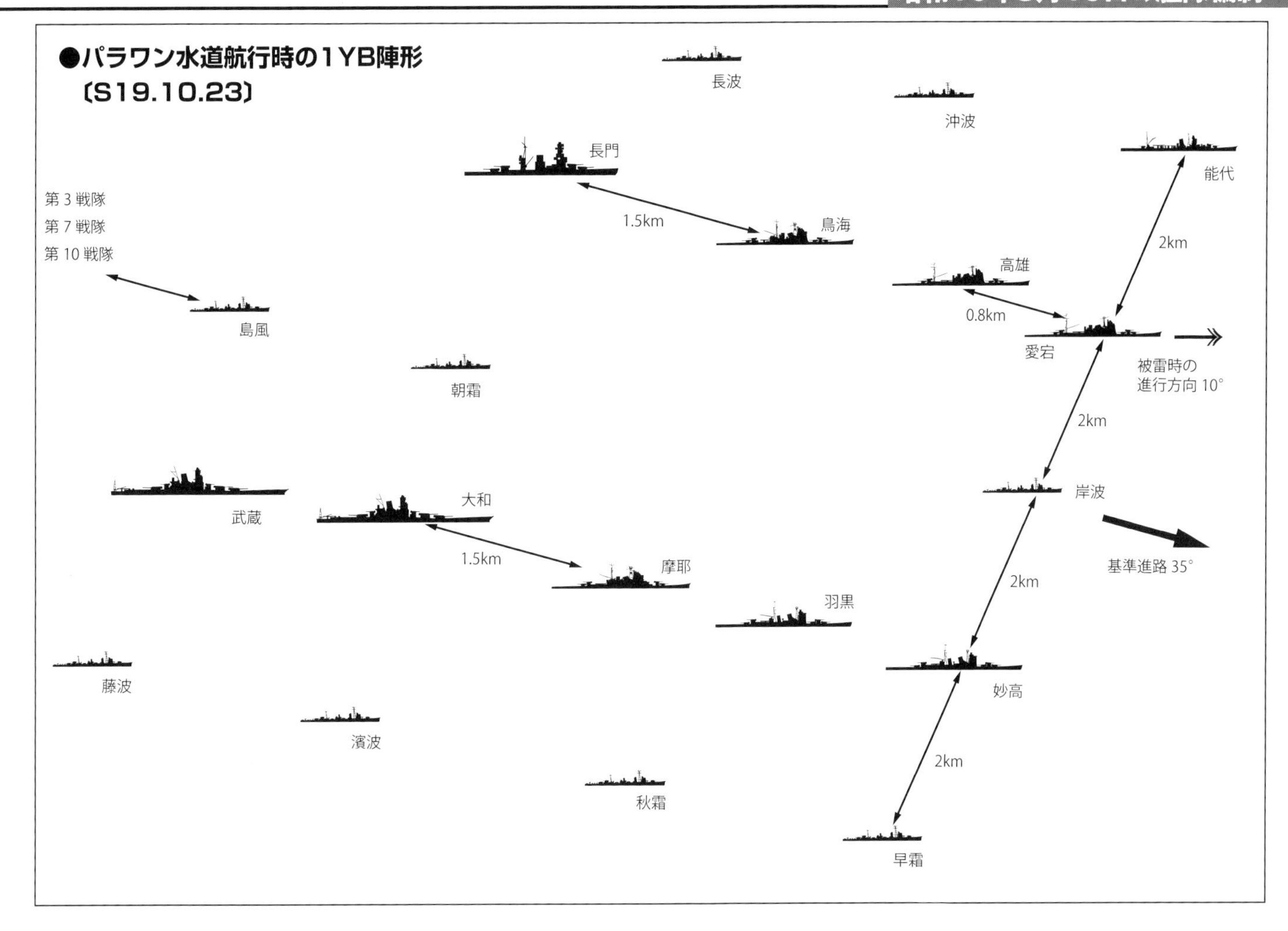

第2部隊（鈴木義雄中将）から成る。

その基幹戦力はなんと言っても第1戦隊「大和」「武蔵」「長門」と、第3戦隊「金剛」「榛名」で、極論すれば戦艦の巨砲をレイテに運んで撃ちまくるため、「機動部隊」は囮となり、基地航空隊からは神風特別攻撃隊が出撃したのだ。

その他の陣容は第1部隊、第2部隊とも巡洋艦戦隊、水雷戦隊を配したもので、両部隊の総兵力は戦艦5隻、重巡洋艦10隻、軽巡洋艦2隻、駆逐艦15隻となっている。「第1遊撃部隊」の基幹となる「第2艦隊」は、戦艦、重巡洋艦ともにまだそれなりの戦力が健在であったものの、それまでの戦いで多くの駆逐艦が失われていたことが数字にも表れている。しかもこれは、本来は空母の直衛につけるべき「第10戦隊」を加えた数なのである。

「第3部隊」は第2戦隊「山城」「扶桑」に航空巡洋艦「最上」、駆逐艦4隻の小さな艦隊で、西村祥治中将が率いることから“西村艦隊”と称せられる。この部隊は戦艦の速力が遅く、随伴する駆逐艦の航続力が短いため、「第1遊撃部隊」とは別ルートを取り、スルー海、ミンダナオ海、スリガオ水道を経てレイテ湾へ突入とされていた。

ブルネイを出撃した「第1遊撃部隊」は、10月23日に重巡「愛宕」「摩耶」が撃沈され、「高雄」が大破する悲運に見舞われる。なによりも、一大決戦前に艦隊司令部が海を泳ぐという縁起の悪さであった。

その翌日にシブヤン海で「武蔵」を失い、「妙高」が戦列を離れるとこれら損傷艦に駆逐艦を随伴させたため、その数がますます少なくなる。

25日にサマール島沖で敵空母機動部隊を捕捉したとして感極まった「第1遊撃部隊」は、護衛空母群を追い回し、結局、ごくわずかな戦果と引き替えにレイテ湾に突入することなく反転。

退却の際に「筑摩」や「鳥海」など沈没艦の乗員を救助した駆逐艦が敵水上艦艇や航空機に捕捉されて次々と掃討されるなど、多数の艦艇と乗員を喪失し、作戦は失敗に終わった。

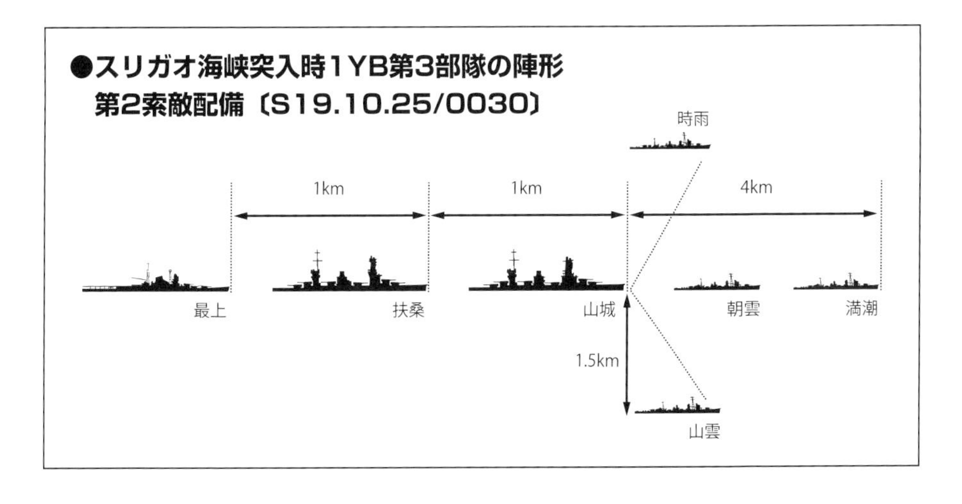

■第2遊撃部隊（2YB）の軍隊区分と艦艇

軍隊区分	艦隊編制上の所属			兵力	指揮官
第2遊撃部隊本隊	第5艦隊	第21戦隊		那智、足柄	第5艦隊司令長官
		第1水雷戦隊		阿武隈	
			第7駆逐隊	曙、潮	
			第18駆逐隊	不知火、霞	
			第21駆逐隊	若葉、初春、初霜（※）	
警戒部隊		第16戦隊		青葉、鬼怒、浦波	第16戦隊司令官
				輸送船5隻	

※第21駆逐隊は別働中で、本隊と合同するべく行動中の10/24にスルー海で空襲を受け合同できず。

■急きょ参加の「第2遊撃部隊」

「第5艦隊」を基幹とする「第2遊撃部隊（略称：2YB）」は、志摩清英中将が指揮官であるため“志摩艦隊”とも呼ばれる。同部隊は海上機動反撃部隊の基幹、「機動部隊本隊」に属して牽制作戦に参加する、台湾沖航空戦で敗走する敵艦隊を追撃、など与えられる任務が二転三転し、作戦の直前にレイテ突入命令を受けた。

その区分は「第2遊撃部隊本隊」として第21戦隊「那智」「足柄」と第1水雷戦隊の「阿武隈」と駆逐艦4隻、「警戒部隊」として第16戦隊「青葉」「鬼怒」「浦波」となっていたが、「警戒部隊」は結局、兵員輸送に回され、レイテ沖海戦には本隊の7隻のみが参加することとなった。

「第2遊撃部隊」は「第1遊撃部隊第3部隊」と同様にスリガオ海峡を抜けてレイテに突入、両部隊の指揮関係は協同とされた。これについて栗田司令長官から特に指示、連絡はなく、海軍兵学校の同期となる志摩、西村両提督も作戦時にやりとりはなかった。結果として、西村艦隊が突入して壊滅、引き返してくる残存部隊に志摩艦隊が出くわすという結果となった。

単独で突入した西村艦隊、一撃のみの戦闘で戦場を離れた志摩艦隊は批判の対象となっているが、正確な情報を得られない戦場における判断である点は考慮されるべきではないだろうか。

■全滅を賭した機動部隊

昭和19年6月のマリアナ沖海戦で、空母3隻と多くの艦上機、搭乗員を失った「機動部隊」は、その再建を急いだものの連合軍側の反抗はそれをあざ笑うかのように素早く、7月から8月にかけてマリアナ諸島を攻略、10月10日には空母機動部隊による沖縄空襲を実施し、これを邀撃した日本陸海軍航空兵力との間で台湾沖航空戦が展開された。

この主力となったのは「第2航空艦隊」の兵力であったが、フィリピン決戦近しと判断されたため、優先して再建していた第653航空隊からも増援が試みられ、また第4航空戦隊搭載用の第634航空隊の瑞雲隊も南九州へ進出した。

この間にも「第1機動艦隊」を構成する「第2艦隊」は「第1遊撃部隊」と部署され、「第3艦隊（機動部隊本隊）」は連合艦隊司令長官の直率という扱いになる。レイテ沖海戦に際して豊田連合艦隊司令長官は、機動部隊指揮官の小澤司令長官に栗田艦隊も併せて指揮させたい意向であった（兵学校の卒業も小澤が1期上）。しかし、小澤司令長官は「機動部隊」の戦力が弱体化してること、作戦の主役は栗田艦隊であることなどからこれを容れず、敵機動部隊の牽制を主任務とすべしと意見具申した。

このため機動部隊は囮部隊として、主隊は第3航空戦隊「瑞鶴」「瑞鳳」「千歳」「千代田」に、台湾沖航空戦へ参加しな

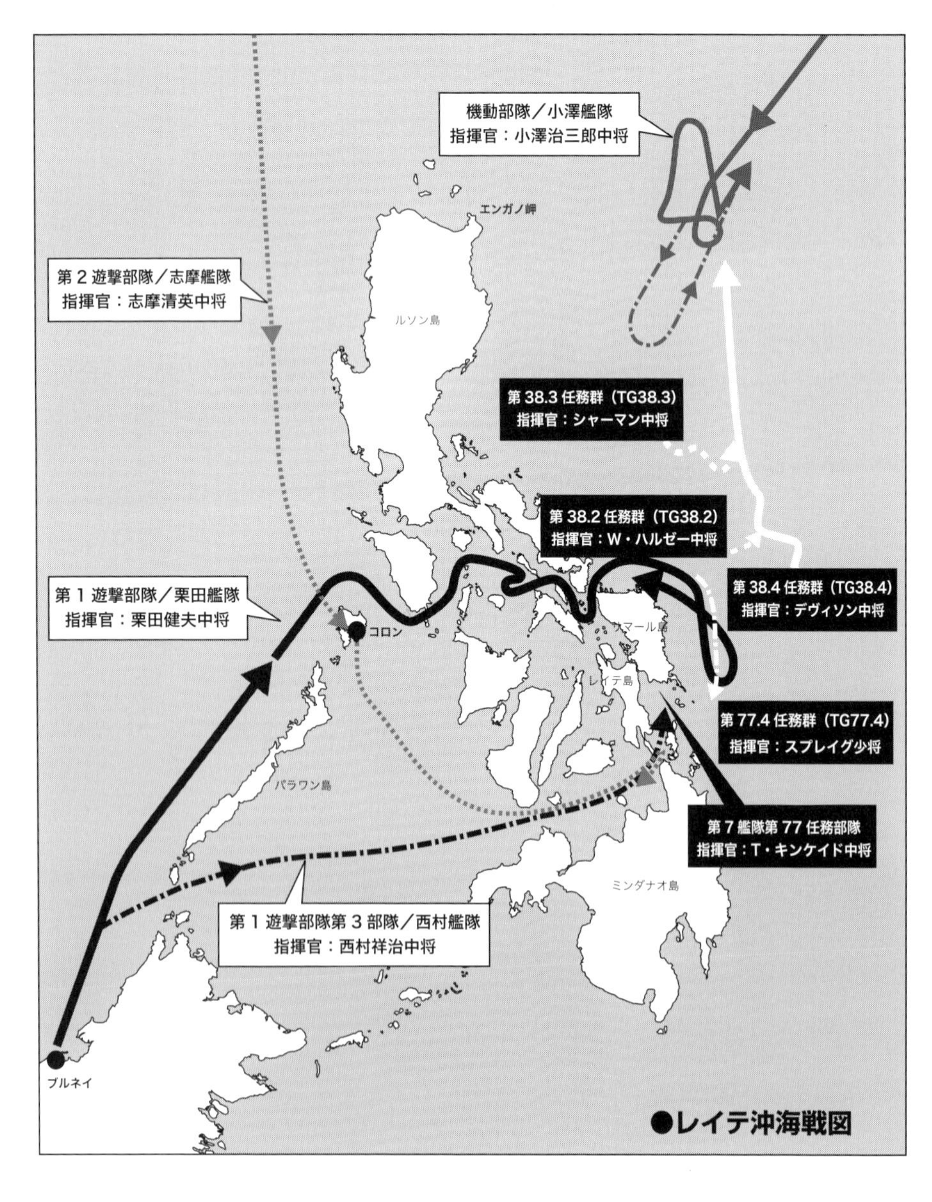

●レイテ沖海戦図

■機動部隊本隊の第1軍隊区分

部隊		指揮官	艦隊編制上の所属			兵力
主隊	第3航空戦隊	第1機動艦隊司令長官	第3艦隊	第3航空戦隊		瑞鶴、瑞鳳、千歳、千代田
	第4航空戦隊	第4航空戦隊司令官		第4航空戦隊		日向、伊勢
巡洋艦部隊		多摩艦長		附属		多摩
			連合艦隊附属	第31戦隊		五十鈴
警戒隊	第1駆逐連隊	第31戦隊司令官	第3艦隊	附属		大淀
			連合艦隊附属	第31戦隊		桑、槇、杉、桐
	第2駆逐連隊	第61駆逐隊司令	第3艦隊	第10戦隊	第61駆逐隊	初月、秋月、若月
					第41駆逐隊	霜月
補給部隊		首席艦長				仁栄丸、たかね丸
			連合艦隊附属	第31戦隊	第31駆逐隊	秋風
						第22号、43号、33号、132号海防艦

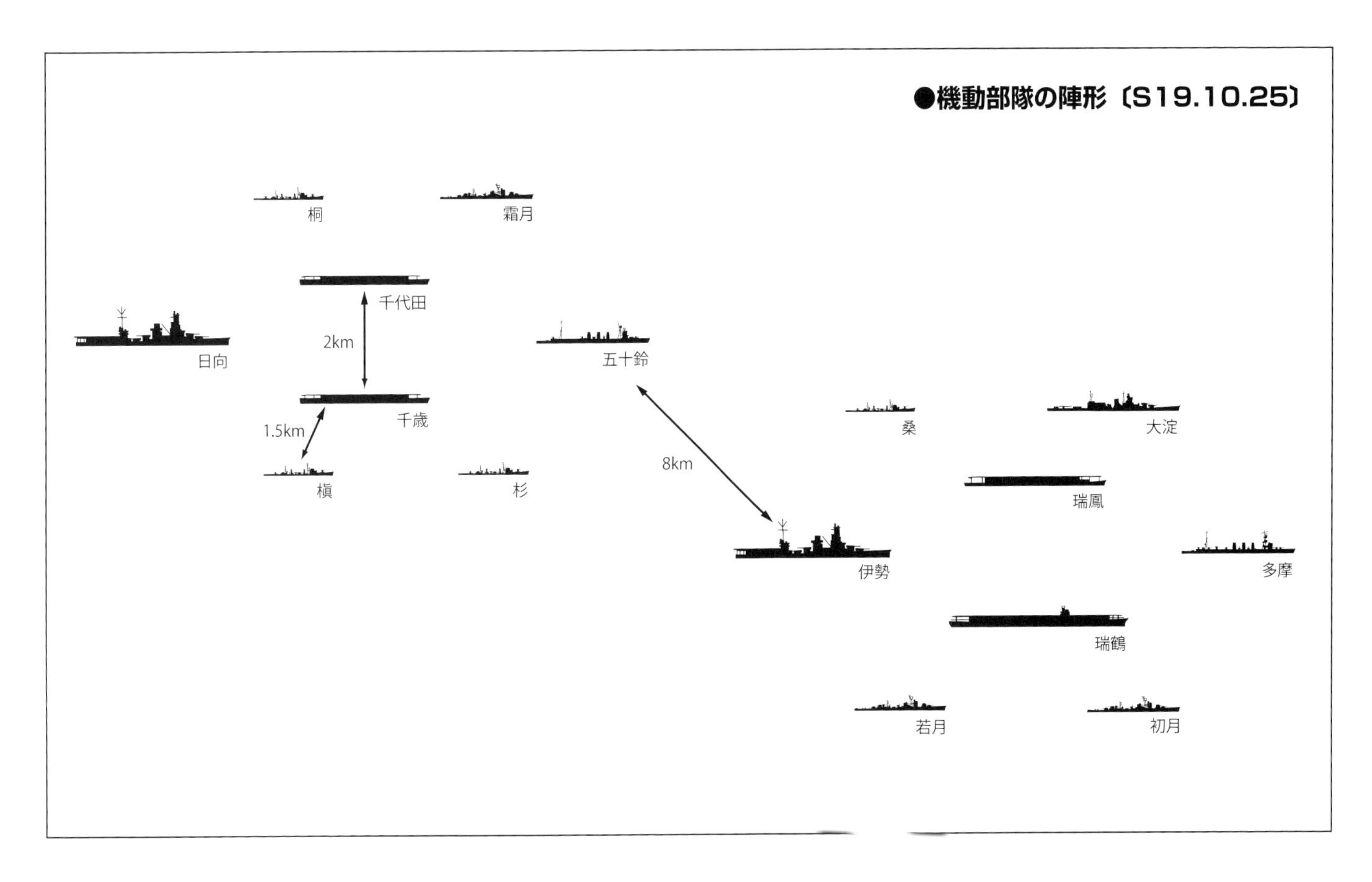

かった第653航空隊の残存兵力と再建途上の第601航空隊から抽出したわずか116機を搭載。第4航空戦隊の「日向」「伊勢」の航空戦艦に至っては瑞雲隊を呼びもどさず（まだ九州にいた）、戦艦として運用することとなった。

このほかに敵機動部隊撃滅、牽制、機動を主要任務とする巡洋艦戦隊「多摩」「五十鈴」と、警戒隊として第1および第2駆逐連隊が部署され、さらに主隊は航空戦を、巡洋艦戦隊と警戒隊は警戒任務も付与されていた。

状況によっては「主隊（3航戦、巡洋艦戦隊、第1駆逐連隊）」と「前衛（4航戦、第2駆逐連隊）」に分離することとなっていた。

実際、10月20日に豊後水道から出動した「機動部隊」は、なかなか敵に捕捉されないことに号を煮やし、第4航空戦隊を主体とするこの「前衛」を分離して前方を行動させ、敵の誘出に努めている。

レイテ沖海戦ではこの、寄せ集めで編成された機動部隊のみが、与えられた「囮」という作戦目的を果たしたのであり、日本海軍機動部隊は最後の作戦において、至近弾ながらも戦果を挙げて（米側も認めている）最後の咆哮を轟かせた。

レイテ沖海戦は艦隊編制よりも、作戦目的をあくまで艦隊決戦にしたことが失敗の要因と考えられ、指揮官の資質や連合艦隊司令長官が陣頭指揮を執らなかったことなどが問題視されている。

（松田）

073 捷一号作戦後の編制の整頓

レイテ沖海戦参加部隊のその後

レイテ沖海戦に参加した日本艦隊は、10月26日に第2遊撃部隊がコロンに帰着したのを皮切りに、27日に機動部隊が奄美大島に、28日には第1遊撃部隊がブルネイにと入泊した。

このレイテ沖海戦はフィリピン決戦の序曲に過ぎず、レイテ決戦を決意した陸軍に呼応して海軍は「多号作戦」を実施。増援兵力を乗せた輸送船団を直掩する一方一方、、基地航空兵力を主体としてレイテ島のアメリカ上陸兵力へ連日のごとく攻撃が繰り返された。

こうした状況から大本営海軍部は昭和19年11月15日に大規模な戦時編制の改定を実施し、戦力の整頓を行なった。

航空主兵の権化ともいうべき「第1機動艦隊」は解隊。空母を全て喪失した「第3航空戦隊」も解隊され、搭載航空隊の第653航空隊は「K攻撃部隊」となりフィリピンへ増援として送られ消滅。「第4航空戦隊」は「隼鷹」「龍鳳」を第1航空戦隊へ編入し、「伊勢」「日向」を当面戦艦として使うと決した。「第3艦隊」も解隊、「第1航空戦隊」は連合艦隊直属となる。

残存の水上艦艇は「第2艦隊」に集中。空母直衛部隊の「第10戦隊」も解隊され、兵力は「第2水雷戦隊」と「第1水雷戦隊」へ充当された。北東方面艦隊の「第5艦隊」はレイテ沖海戦後に北東方面へ戻る機会を失い、連合艦隊直属となって、そのまま南方で作戦することとなる。

この11月15日にはブルネイで待機したままとなっていた第1遊撃部隊の内地回航が発令され16日夕刻に同所を出発、23日に内海西部へ帰り着くが、その間に「金剛」と「浦風」が敵潜水艦により撃沈されていた。

こうした間にも「多号作戦」やマニラ湾空襲で水上艦艇は次々に撃沈され、第3次多号輸送船団で第2水雷戦隊司令官早川幹夫少将が戦死し、「島風」「若月」

■S19.11.15改定の艦隊編制抜粋

艦隊編制上の所属				兵力
連合艦隊	第2艦隊			大和（独立旗艦）
		第4航空戦隊		日向、伊勢
		第3戦隊		金剛、榛名、長門
		第5戦隊		妙高、羽黒、高雄、熊野、利根
		第2水雷戦隊		矢矧
			第2駆逐隊	朝霜、清霜
			第17駆逐隊	浦風、五十風、濱風、雪風
			第41駆逐隊	霜月、冬月、涼月
		附属		大淀
	第5艦隊			足柄（独立旗艦）
		第1水雷戦隊		木曽、島風
			第7駆逐隊	霞、潮
			第21駆逐隊	初霜、時雨、初春
			第31駆逐隊	岸波、沖波（※）
	連合艦隊附属	第1航空戦隊		信濃、天城、雲龍、葛城、隼鷹、龍鳳
				第601航空隊

◆「第1機動艦隊」と「第3艦隊」を解隊、「第2艦隊」に空母以外の部隊を集中。
①第1戦隊、第2戦隊を解隊。大和を第2艦隊独立旗艦に、長門を第3戦隊へ編入。
②第4航空戦隊から空母を除き、「第2艦隊」へ。伊勢、日向には当分飛行機を搭載しない。
③第4航空戦隊から除いた空母隼鷹、龍鳳は「第1航空戦隊」へ。「第1航空戦隊」は連合艦隊直属とする。
④第4戦隊、第7戦隊を解隊、所属艦艇は「第5戦隊」に編入。
⑤第10戦隊を解隊、兵力を「第2水雷戦隊」に集中、一部を第1水雷戦隊に増勢。
⑥「第3航空戦隊」を解隊（空母4隻全部沈没。第653航空隊の兵力はフィリピンの基地航空隊へ増援として投入）。
⑦第21戦隊を解隊、足柄を第5艦隊独立旗艦とする。損傷した青葉のみとなった第16戦隊は解隊。

■GF電令作第419号（S19.11.15発令）による1YB内地回航兵力

艦隊編制上の所属				兵力
連合艦隊	第2艦隊			大和
		第3戦隊		長門、金剛
		第2水雷戦隊		矢矧
			第17駆逐隊	浦風、磯風、濱風、雪風
		第31戦隊		桐、梅

◆11/16ブルネイ発。「榛名」「羽黒」「大淀」は2YB作戦指揮下へ。

■2YBのリンガ泊地回航（S19.11.17）

艦隊編制上の所属				兵力
連合艦隊	第5艦隊			足柄（独立旗艦）
	第2艦隊	第3戦隊		榛名
		第5戦隊		羽黒
		附属		大淀
		第2水雷戦隊	第2駆逐隊	朝霜
			第21駆逐隊	初霜

※11/17ブルネイ発、11/18新南群島長島錨地着。4航戦「伊勢」「日向」及び「霞」「潮」「霜月」と合同

■禮号突入作戦軍隊区分〔S19.12.22発令〕

部隊	区分	指揮官		艦隊区分上の所属			兵力
第1挺進部隊	旗艦	第2水雷戦隊司令官		第2艦隊	第2水雷戦隊		霞
	1番隊		第2駆逐隊司令			第2駆逐隊	清霜、朝霜
	2番隊		先任艦長（※）	連合艦隊	第31戦隊	第52駆逐隊	杉、樫
						第43駆逐隊	榧
第2挺進部隊			足柄艦長	第5艦隊			足柄
				第2艦隊	附属		大淀

※「足柄」は志摩清英中将座乗せる第5艦隊旗艦だったが、この作戦のため将旗は「日向」へ移された。
※第43駆逐隊司令の菅間良吉大佐が指揮官となるはずであったが、肺浸潤により入院。

「長波」を失うと、11月20日付けで「第1水雷戦隊」を解除し兵力を「第2水雷戦隊」へ充当、第1水雷戦隊司令官の木村昌福少将が第2水雷戦隊司令官に補された。この第1水雷戦隊の代わりに、11月9日に兵器弾薬などのマニラ緊急輸送のため佐世保を発していた「第31戦隊」が11月20日に「第5艦隊」へ編入される。

多号作戦は12月14日にネグロス島西方を米上陸船団が北上中であること発見して中止され、16日にはルソン島の南隣のミンドロ島へ敵地上軍の上陸を確認する。これに対して行なわれたのが第2遊撃部隊による「禮号作戦」であった。

第2水雷戦隊司令官の木村少将を指揮官とする禮号作戦部隊（「挺進部隊」と部署）がミンドロ島へ夜間殴り込みをかけたのは有名な話だが、それは上掲表のような軍隊区分となっていた。

昭和20年1月6日にルソン島西部のリンガエン湾にアメリカ上陸船団の出現を見た海軍はルソン決戦に見切りをつけ、南方残存兵力の内地帰還を計画する。

第2遊撃部隊へ部署されていた「榛名」はブルネイからリンガ泊地へ向かう際に触礁して艦底を大きく損傷、内地へ帰還して修理を実施することなり、「霞」と「初霜」を従えて11月28日にリンガを発、馬公でマニラ緊急輸送から帰還中の「隼鷹」と合同、（「霞」「初霜」はここで引返す）12月12日に呉へ帰着する。

「日向」「伊勢」「大淀」「霞」「朝霜」「初霜」が「北号作戦」と称された重要物資の内地輸送を実施しつつ帰還したのが、水上艦艇の内地帰還の最終便であった。

（吉野）

■主要水上艦艇の編制と用法〔S19.12.27決裁〕

艦隊編制上の所属			兵力	用法	記事
第2艦隊	第1戦隊（2F司令部直率）		大和、長門、榛名	1　昭和20年中期以降機動艦隊編成を目途として整備す 2　修理完了次第東京湾方面(一部呉方面)防空艦とす 3　人員交代後一応訓練を終了せば昭南方面に進出訓練せしむ	1　各艦とも既定方針により修理す 2　現乗員は上記用法に応ずる基幹員を除き他に流用、其の補充として素質優良なるもの(練度低くて差支えなし)定員補充員とす。但し主砲関係員は成るべく交代せしめず
	第1航空戦隊		天城、葛城、隼鷹、龍鳳	1　昭和20年中期以降機動艦隊編成を目途として整備す 2　一部を内地より比島昭南方面間緊急兵力資材輸送に充当す 3　一応訓練整備完了次第昭南方面に進出訓練せしむ	1　各艦とも昭南進出までに整備を完了せしむ 2　乗員は成し得る限り素質優良のもの充つ
	第2水雷戦隊		矢矧	水雷戦隊旗艦	既定方針により修理す
		第2駆逐隊	清霜、朝霜	1　空母護衛 2　護衛協力 3　比島作戦支援	1　既定方針により修理す 2　内地修理の際は極力対潜対空兵装を強化するに努む 3　駆逐艦編制は情勢に応じ逐次改編す
		第7駆逐隊	潮、霞、響		
		第17駆逐隊	磯風、濱風、雪風		
		第21駆逐隊	初霜、時雨		
		第41駆逐隊	冬月、涼月		
南西方面艦隊	第4航空戦隊		伊勢、日向	1　比島作戦支援 2　印度洋作戦警戒	1　第5戦隊解隊 2　各艦乗員は極力交代せしめず
	第5戦隊		足柄、大淀、羽黒		
	第31戦隊	第43駆逐隊	梅、竹、桃、槇、桐、榧	1　比島作戦	1　新造駆逐艦をもって損耗を補填す 2　状況により旧式駆逐艦を護衛関係部隊より抽出補填す(代艦として海防艦を編入)
			檜、樅、杉、樫、楓		
聯合艦隊直率	第11水雷戦隊		酒匂	第11戦隊旗艦充当	全定員
			北上	回天輸送	全定員
			妙高	当分予備艦	応急修理後、内地帰着までは現役務のままとし内地帰着後役務を変更す 将来の用法に関し別に研究す
			高雄	当分予備艦	
			青葉	当分予備艦	
			五十鈴	当分予備艦	
呉練習戦隊			利根	兵学校練習艦	全定員

08. 昭和20年3月1日の艦隊編制

081 沖縄決戦を前にした陣容

〈艦隊〉	〈戦隊〉	〈隊〉	〈艦艇・航空隊〉	〈特設艦艇・特設飛行隊・陸上、部隊〉	〈司令官〉
連合艦隊					豊田副武大将（33）
	第22戦隊			菊丸 第1、2、3、4監視艇隊	石崎　昇少将（42）
	第31戦隊（※1）		五十鈴、第31、43号海防艦		鶴岡信道少将（43）
		第43駆逐隊	竹、桐、杉、槇、榧、椎		
		第52駆逐隊	樫、檜、楓、萩、梨、樺		
	第101航空戦隊		第1001航空隊、第1081航空隊		山田定義中将（42）
	第11水雷戦隊		酒匂、花月、宵月、桜、楢、椿、欅、柳、橘、樅、蔦		高間　完少将（41）
	第1輸送戦隊		第9、14、15、114、115、135、136、139、140、143、144、151、160号輸送艦		
	第1連合通信隊		東京海軍通信隊	大和田通信隊	
	附属	第1駆逐隊	波風、神風、汐風、朝顔		
			(武蔵、扶桑、山城、筑摩）、北上、鳳翔、(瑞鶴、大鳳、翔鶴）、夕風、旗風、波風、三宅、屋久、摂津、矢風、波勝、大浜、神威、第11、17、18号輸送艦、第28、30、33号駆潜艇（※2）	氷川丸、第2氷川丸、高砂丸 佐鎮第101特別陸戦隊	
		第2輸送隊			
		運送艦	伊良湖、荒埼、早鞆、洲埼、針尾、第132、157号輸送艦	みりい丸、旭東丸、日栄丸、良栄丸、栄邦丸、五隆丸、第3播州丸、白令丸、北上丸、タラカン丸、第3共栄丸	
第3航空艦隊					寺岡謹平中将（40）
	第27航空戦隊		南方諸島航空隊	硫黄島警備隊	
			第131航空隊	攻撃第3、5、254、256飛行隊、戦闘第812、901飛行隊（※3）	
			第252航空隊	戦闘第304、308、313、316飛行隊	
			第343航空隊	偵察第4、戦闘第301、401、402、407、701飛行隊	
			第601航空隊	攻撃第1、戦闘第310飛行隊	
			第752航空隊	偵察第102飛行隊、攻撃405、704飛行隊（※4）	
			第210航空隊、第722航空隊、第1023航空隊		
			関東航空隊（※3）		
第5航空艦隊（※5）					宇垣　纏中将（39）
			南西諸島航空隊、九州航空隊		
			第203航空隊	戦闘303、311、312飛行隊	
			第701航空隊	偵察3飛行隊、攻撃103、105、251飛行隊	
			第721航空隊	攻撃708、711飛行隊、戦闘305、306、307飛行隊（※6）	
			第762航空隊	偵察11飛行隊、攻撃262、406、501、703飛行隊	
			第801航空隊	偵察302飛行隊	
			第1022航空隊		

◆昭和19年末から沈没艦艇が急増し、艦隊編制表と所属艦艇の実状に乖離が著しい。

※1：第31戦隊は11/20付けで第5艦隊へ編入されたが、S20/2/5付けで連合艦隊へ編入された。

※2：名前に（　）のついた艦はマリアナ沖海戦、並びにレイテ沖海戦での喪失艦艇だが、書類上残存。

※3：関東航空隊は乙航空隊だが、基地管理をしていた藤枝基地に戦闘901、812（131空所属）、804飛行隊（北東空所属）が集結した関係で「関東空部隊」と部署されて沖縄作戦に参加する。これが有名な「芙蓉部隊」となる。

※4：攻撃405飛行隊と攻撃704飛行隊は3/6付けで新編された第706航空隊へ編入。

※5：第5航空艦隊は2/10付けで新編された。なお、第2航空艦隊は1/8付けで解隊。

※6：第721航空隊は特殊攻撃機「桜花」を運用する部隊で、表記の特設飛行隊のほかに固有の桜花隊を有している。

艦隊		戦隊	隊	艦艇・航空隊	付属	指揮官
第10航空艦隊（※7）						前田　稔中将（41）
		第11連合航空隊		霞ヶ浦航空隊、筑波航空隊、谷田部航空隊、百里原航空隊、名古屋航空隊、鹿島航空隊、北浦航空隊、大津航空隊、神町航空隊、第2郡山航空隊、第2河和航空隊、豊橋航空隊、松島航空隊、大和航空隊、第3岡崎航空隊、東京航空隊		
		第12連合航空隊		宇佐航空隊、姫路航空隊、博多航空隊、大村航空隊、詫間航空隊、築城航空隊、元山航空隊、釜山航空隊、岩国航空隊、西條航空隊、福山航空隊、峯山航空隊、天草航空隊、光州航空隊、観音寺航空隊、諫早航空隊		
		第13連合航空隊		大井航空隊、鈴鹿航空隊、青島航空隊、徳島航空隊、高知航空隊		
第2艦隊						伊藤整一中将（39）
		第1航空戦隊		大和、天城、葛城、（信濃）、隼鷹、龍鳳		大林末雄少将
		第2水雷戦隊		矢矧		古村啓蔵少将(45)
			第7駆逐隊	霞（3/10に21駆へ）、響、潮（修理中）		
			第17駆逐隊	磯風、浜風、雪風		
			第21駆逐隊	初霜、朝霜		
			第41駆逐隊	冬月、涼月		
第6艦隊				伊8、伊12（※8）		三輪茂義中将（39）
			第1潜水隊	伊13、伊400、伊401（※9）		
			第15潜水隊	伊36、伊47、伊56、伊58		
			第34潜水隊	伊46、伊50、伊109		
		第7潜水戦隊（※10）		伊361、伊362、伊363、伊365、伊366、伊367、伊368、伊369、伊370、伊371、伊372、波101、波102、波104（※11）		大和田　昇少将（44）
		第11潜水戦隊		長鯨、伊351、波103、波105、波107		仁科宏造少将（44）
		附属		第631航空隊	第31潜水艦基地隊	
第12航空艦隊（※12）						宇垣莞爾中将（39）
				北東海軍航空隊	戦闘第804飛行隊（※3）	
		千島方面根拠地隊		国後、八丈、笠戸、占守、択捉 第3魚雷艇隊	白鳳丸、快鳳丸 第51、52、53、57警備隊 占守通信隊 第15特設輸送隊	
第4艦隊						原　忠一中将（39）
		第4根拠地隊			第41、42、43、44、67警備隊 第4通信隊 第4港務部	
		第6根拠地隊			第62、63、64、65、66警備隊	
		附属		東カロリン航空隊、マリアナ航空隊（※13）	横鎮第2特別根拠地隊 第85潜水艦基地隊 第216、221、223、227設営隊	
			運送艦		杵埼	
南東方面艦隊						草鹿任一中将（37）
	第8艦隊					鮫島具重中将（37）
		第1根拠地隊			佐鎮第6特別陸戦隊、呉鎮第7特別陸戦隊 第1通信隊 第87警備隊	
		附属			第1、2、3、4監視艇隊特別輸送隊 第20、26、32、34、121、101設営隊	
	第11航空艦隊					南東方面艦隊司令長官直率
		附属		第958海軍航空隊（※14）	第105航空基地隊 第18、28、211、212設営隊	
		第14特別根拠地隊			第83、89警備隊	
		附属			横鎮第8特別根拠地隊 第8潜水艦基地隊 第8通信隊 第8港務部 第101設営隊 第81、84、85警備隊	

※7：第10航空艦隊は中間練習機、実用機、偵察員養成の練習航空隊を実戦部隊化したもの。うち、第11連合航空隊は東日本、第12連合航空隊は西日本に所在の航空隊を統括するもので、第13連合航空隊に所属するのが偵察員教育の航空隊（主な装備機は機上作業練習機「白菊」である）。
※8：伊12は1/15以降消息を絶ち、1/31付けで沈没と認定されていた。
※9：伊14が3/14に竣工して加わる。
※10：第7潜水戦隊は横須賀に司令部を置き離島への輸送を行なっていた。この直後に解隊され、第16潜水隊として再編。
※11：このうち伊361、伊363、伊366、伊367、伊370は第7潜水戦隊所属のまま回天搭載艦に改造され、作戦参加
※12：第5艦隊が南西方面艦隊へ転出したことにより、昭和19年12月に北東方面艦隊は解隊された。
※13：両部隊とももとは基地管理を司る乙航空隊で、東カロリン空には硫黄島玉砕前後に進出した数機の彩雲がいた。
※14：航空兵力はなく、終戦までに「晴空」（二式飛行艇の輸送機型）により、搭乗員の内地還送が2回実施された。

南西方面						大川内伝七中将（37）
艦隊	第1航空艦隊					大西瀧治郎中将（40）
		第26航空戦隊 （※15）		北菲航空隊、中菲航空隊、南菲航空隊、西カロリン航空隊、第141航空隊、第153航空隊、第201航空隊、第221航空隊、第341航空隊、第761航空隊、第763航空隊	第37警備隊	杉本丑衛少将（44）
				第132航空隊	偵察12飛行隊	
				第133航空隊	戦闘851飛行隊	
				第205航空隊	戦闘302、315、317飛行隊	
				第634航空隊	偵察301飛行隊	
				第765航空隊	攻撃102、252、401、702飛行隊	
				第1021航空隊		
	第3南遣艦隊					南西方面艦隊司令長官直率
		第30根拠地隊		第21号掃海艇 第31駆潜隊	第45、46警備隊 第3通信隊 第30港務部 第6特設輸送隊	
		第31特別根拠地隊		第19、20、21、61号駆潜艇	第35警備隊 第31港務部 第31通信隊	
		第32特別根拠地隊		第26号駆潜艇	第33警備隊 第32港務部 第10特設輸送隊	
		第33特別根拠地隊			第36警備隊	
		附属		唐津、第31号駆潜艇、第103号哨戒艇 第955航空隊	第21駆潜隊 第12、25、31魚雷艇隊 第9特設輸送隊 第135、136、166、167、168、184、185、187、204、205、206、207防空隊 第205、214、215、225、235、301、308、311、318、328、331、332、3011設営隊	
	第4南遣艦隊 （※16）					山県正郷（39）中将
		第25根拠地隊		若鷹	第7、20、21、26、27警備隊 第24通信隊 第3特設輸送隊	
		第26特別根拠地隊		雉		
		第28根拠地隊			第18警備隊	
		附属			第33、105防空隊 第36、201、202、203、224、232設営隊	
		第27特別根拠地隊				
			運送艦	知床	天塩丸	
第10方面						福留　繁中将（40）
艦隊 （※17）	第13航空艦隊					第10方面艦隊司令長官直率
		第23航空戦隊		濠北航空隊		
		第28航空戦隊		第331航空隊	戦闘309飛行隊、攻撃253飛行隊	
				第381航空隊	戦闘602、902飛行隊	
				馬来航空隊、東印航空隊		
		附属		第11、12、13、31海軍航空隊		
	第1南遣艦隊					第10方面艦隊司令長官直率
		第9特別根拠地隊		初鷹		
		第10特別根拠地隊		第4、5、34、63号掃海艇	第44掃海隊 第10港務部 第10通信隊	
		第11特別根拠地隊		第41、43号駆潜艇	永福丸 第11警備隊	
		第12特別根拠地隊		雁	第14、25警備隊	
		第13根拠地隊			第12、13、17警備隊 第12通信隊	
		第15特別根拠地隊			第11駆潜隊 第11警備隊潜水艦基地隊 第9警備隊	
		附属（※18）		妙高、高雄、天津風、第57号駆潜艇	第3110設営隊	
	第2南遣艦隊					柴田弥一郎中将（40）
		第21特別根拠地隊		第1、2、3号駆潜艇、第11、12、101号掃海艇、第104号哨戒艇	第21潜水艦基地隊 第1港務部、第21通信隊、第3警備隊	
		第22特別根拠地隊		第4、5、56号駆潜艇、第2、36、108号哨戒艇	第2警備隊 第2港務部	
		第23特別根拠地隊		第8号掃海艇	第4、6、8警備隊	
		附属		第102、106、109号哨戒艇	萬洋丸 第7特設輸送隊	
		第5戦隊		羽黒、足柄（※19）		橋本信太郎中将（41）
		附属		白沙、南海		
			運送艦	早埼	國川丸、金鈴丸、利水丸、国津丸、喜多丸、千光丸、亞南丸	

支那方面艦隊						
	第2遣支艦隊					
				嵯峨、舞子、初雁、第102号掃海艇		
		香港方面特別根拠地隊			香港港務部、広東警備隊	
		厦門方面特別根拠地隊				
		附属			第314、327設営隊	
	海南警備府部隊	海南警備府			横鎮第4特別陸戦隊、舞鎮第1特別陸戦隊、佐鎮第8特別陸戦隊 第15、16警備隊	
	附属	上海海軍特別陸戦隊				
		上海方面根拠地隊		栗、栂、蓮、鳥羽、安宅、宇治、興津	舟山島警備隊、南京警備隊 上海港務部	
		揚子江方面特別根拠地隊		須磨	第21、22、23、24砲艦隊 九江警備隊	
		青島方面特別根拠地隊			首里丸	
				中支航空隊	第324設営隊	
			運送艦	野埼	第21播州丸、興隆丸	
海上護衛総司令部						野村直邦 大将（35）
		第18戦隊		常磐	高栄丸、長白山丸	
		附属		波106		
	第1護衛艦隊（※20）					岸　福治中将（40）
		第101戦隊		香椎、対馬、大東、鵜来、第23、27、51号海防艦		浜田　浄少将
		第102戦隊		鹿島、屋代、御蔵、第2、33、34、35号海防艦		久宗米次郎少将
		第103戦隊		春月、隠岐、昭南、久米（※21）、第18、25、60、67号海防艦		
		第8護衛船団司令部				
			第1海防隊	倉橋、能美、第13、39号海防艦		
			第11海防隊	第1、36、130、134号海防艦		
			第12海防隊	第14、16、46、132号海防艦		
			第21海防隊	新南、干珠、満珠、生名		
			第22海防隊	第18、32、52、66号海防艦		
			第31海防隊	沖縄、第61、63、207号海防艦		
				海鷹、春風 栗国、稲木、宇久、竹生、崎戸、羽節、第9、15、20、22、26、29、40、41、53、55、57、69、72、76、81、82、84、112、138、144、150、205号海防艦、第17号掃海艇、第38号哨戒艇 第901航空隊、第931航空隊（※22）、第936航空隊		

●第1護衛艦隊と第101、第102、第103戦隊の創設

昭和18年11月に海上護衛総司令部が創設されたが、これは輸送作戦実施のたびに臨時に任命された幕僚で司令部が編成され、海上護衛総司令部から充当される艦艇で護衛部隊が編成されるという仕組みであった。

そのためもあってなかなか期待したような成果は上がらず、次第に現場から寄せ集めではない「建制の護衛戦隊の編成」を要望する声が高まってくる。南方からの重要物資、とくに石油の輸送が戦争遂行上とくに重要と考えていた軍令部第1部でもその必要性は認めており、昭和19年11月15日付けの戦時編制改定で「第101戦隊」が新編された。

これは当時4つあった石油船団にそれぞれ専属の護衛戦隊を付けようというもので、さらに昭和19年1月1日付けの改定で「第102戦隊」と「第103戦隊」が編制に加えられ、これまた新設された「第1護衛艦隊」に編入された。

この「第1護衛艦隊」は「第1海上護衛隊」が改編されたものである。

その頃、シンガポール方面の資源地帯と内地間の航路は「第1海上護衛隊」と、軍隊区分により「海上護衛司令部」直属の兵力により編成された艦艇が護衛していたが、大戦型の海防艦の充足もあり、両者を合わせた艦艇数も次第に多くなってきていた。こうした状況から昭和19年11月1日に海上護衛総司令部司令長官の野村直邦大将（大戦中にドイツ潜水艦U-511/呂500に便乗して日本へ帰還した人物）が、これを「艦隊編制として建制化し、司令長官の下で一元運用した方がよいのではないか？」と第1海上護衛隊の艦隊昇格を提案。

こうして第1海上護衛隊は12月10日付けで解隊され、新たに「第1護衛艦隊」として編成しなおされて海上護衛総司令部に編入された。

第1護衛艦隊の編成当時にあった「第5、第7、第8護衛船団司令部」はこの100番台の護衛戦隊が編成されるにともない解隊された。

横須賀 鎮守府			長門、澤風 横須賀航空隊、第302航空隊、第312航空隊、第903航空隊	春鳥丸 第2魚雷艇隊 第11突撃隊 横須賀海兵団、武山海兵団、浜名海兵団 横須賀潜水艦基地隊 横須賀海軍港務部 横須賀海軍通信隊 東京警備隊 南鳥島警備隊 呉鎮第101特別陸戦隊 第21特設輸送隊 第208、209、303、304、305、306、307、309、3010、3012、3013、3014、3015、3016、3017設営隊 横須賀海軍警備隊、横須賀第1、2、3警備隊、田浦警備隊、久里浜第1、2警備隊、館山警備隊、沼津警備隊、藤沢警備隊、横浜警備隊、阿見警備隊、大楠警備隊	
		第6潜水隊	呂57、呂58、呂59		
	横須賀防備戦隊		第27号掃海艇、第42、44、47、48号駆潜艇	第1掃海隊 横須賀防備隊	
	父島方面特別根拠地隊			母島警備隊 父島通信隊	
	第3海上護衛隊		駒橋、第4、50号海防艦、成生、第14号駆潜艇	第26掃海隊 第112駆潜隊 伊勢防備隊	
	第20連合航空隊 (※20)		洲ノ埼航空隊、藤沢航空隊、田浦航空隊、第1相模野航空隊、第2相模野軍航空隊、第1郡山航空隊、第1河和航空隊、香取航空隊、第1岡崎航空隊、第2岡崎軍航空隊、土浦航空隊、三重航空隊、清水航空隊		
		輸送艦		北開丸、第16播州丸、住吉丸、九州丸	
佐世保 鎮守府			第42、44、68、118、215号海防艦 第951航空隊、第352航空隊	第27魚雷艇隊 第22特設輸送隊 佐世保海兵団、相浦海兵団、針尾海兵団 佐世保防備隊、佐世保海軍警備隊 佐世保潜水艦基地隊 佐世保海軍港務部 佐世保海軍通信隊 第226、313、321、322、323、325、326、329、361、362、3210、3211、3212、3213設営隊	
	第4海上護衛隊		海防艦30、友鶴、真鶴、掃海艇15号、駆潜艇49、58号		新葉亭造 少将
	沖縄方面根拠地隊		燕	第43掃海隊 宮古島警備隊、石垣島警備隊、大島警備隊	
	第3特攻戦隊			川棚突撃隊、第32突撃隊	
	第22連合航空隊		第2鹿屋航空隊、垂水航空隊、人吉航空隊、串良航空隊、第2出水航空隊、鹿児島航空隊、福岡航空隊、小富士航空隊		
		輸送艦		第2号興東丸、しろがね丸、とよさか丸	
呉 鎮守府			榛名、伊勢、日向、青葉 呉海軍航空隊、第332航空隊	王鳳丸 呉海兵団、大竹海兵団、安浦海兵団 呉潜水艦基地隊 呉海軍港務部、徳山海軍港務部 呉海軍通信隊 呉海軍警備隊、大竹警備隊、防府警備隊、徳山警備隊 第317、351、352、3111、3113設営隊	
	呉防備戦隊		由利島、怒和島 佐伯航空隊		
		佐伯防備隊			
		対潜訓練隊	呂62、呂68、呂500、久賀、神津、目斗、男鹿、第59、65、102、104、106、113、124、154、186、190、213、219号海防艦	第33、34掃海隊 下関防備隊	
	呉潜水戦隊			那智丸	
		第19潜水隊	伊121、伊122、伊155、伊156、伊157、伊158、伊159、伊162、伊165		
		第33潜水隊	伊201、伊202、呂63、呂64、呂67、波107、波106		
	呉練習戦隊		八雲、磐手、出雲、利根、大淀		
	第21連合航空隊		松山航空隊、宇和島航空隊、倉敷航空隊、浦戸航空隊		
	第2特攻戦隊			大浦、光、平生突撃隊	
		輸送艦		こがね丸、山鳥丸、たるしま丸	

舞鶴					
鎮守府			新井埼	第35掃海隊 舞鶴海兵団、平海兵団 舞鶴防備隊 舞鶴潜水艦基地隊 舞鶴海軍港務部 舞鶴海軍通信隊 舞鶴海軍警備隊 第335、336、337、338設営隊	
	第23連合航空隊		美保航空隊、滋賀航空隊、小松航空隊		
高雄					
警備府			駆潜艇61号 台湾航空隊	第21掃海隊 第26魚雷艇隊 高雄海兵団 高雄海軍警備隊 高雄海軍港務部 高雄海軍通信隊 基隆防備隊 第334設営隊	
	馬公方面特別根拠地隊				
		輸送艦		重興丸、北比丸、岩戸丸	
大湊					
警備府			大泊、福江、第15号駆潜艇、石埼 大湊航空隊、三沢航空隊	千歳丸、第2号新興丸 第52掃海隊 大湊海兵団 大湊防備隊 大湊海軍港務部 大湊海軍通信部	
		輸送艦		日帝丸	
鎮海					
警備府			巨済、済州、掃海艇20号	第48、49掃海隊 鎮海海兵団 鎮海防備隊 鎮海海軍港務部 鎮海海軍通信隊	
	羅津方面特別根拠地隊			羅津通信隊	
	旅順方面特別根拠内隊				
大阪					
警備府				大阪海兵団 大阪通信隊 紀伊防備隊 第316、319、3112設営隊	
	第24連合航空隊		奈良航空隊、高野山航空隊、西ノ宮航空隊、宝塚航空隊		
◎海軍省					
		輸送艦		さんとす丸、りをん丸、慶洋丸、聖川丸、浅香丸、国川丸、護国丸、桧山丸、讃岐丸 朝嵐丸、神鳳丸、衣笠丸、太隆丸、第8信洋丸、第2号日吉丸、第10福栄丸、正生丸、和洋丸、菱丸、愛天丸、室津丸、第2号永興丸、萬龍丸、東照丸、彦島丸、第8桐丸、水天丸、江ノ島丸、長和丸、香久丸、金泉丸、第15博鉄丸、日輪丸、第2日正丸、寿山丸、第3東洋丸、辰和丸、広田丸、球磨川丸、辰宮丸、辰春丸、筥崎丸、山東丸	

※15：第26航空戦隊は「クラーク防衛部隊」として第1航空艦隊が置き去りにした航空隊の地上員からなる。
※16：第4南遣艦隊は3/10付けで解隊され、麾下の兵力は第10方面艦隊直率となった。
※17：第10方面艦隊は南西方面艦隊がフィリピンで孤立したため、第1、第2南遣艦隊と第13航空艦隊を指揮するものとして2/5付けで新編された。同時に第5艦隊が解隊された。
※18：妙高、高雄はレイテ沖海戦で大破、天津風も艦の前半を失って、充分な戦闘行動を取れない状態。
※19：第5艦隊の解隊により独立旗艦だった足柄は第5戦隊に編入。
※20：第1護衛艦隊は1/1付けで第1海上護衛隊を再編したもの。
※21：海防艦「昭南」は2/25沈没。久米は1/28沈没（3/10除籍）。他にも同様に沈没したものの掲載されたままという艦艇がある。
※22：第931航空隊はもともと空母搭載用の対潜用航空隊だが、沖縄作戦では串良基地に集結した天山隊の指揮をとる。
※23：飛行予科練習生、整備練習生、兵器練習生の教育を担当する練習航空隊はこれまで横須賀鎮守府部隊に編制されていたが、所在の鎮守府に分けた連合航空隊に再編された。第18、第19連合航空隊は解隊。

フィリピン決戦敗北の収拾、そして沖縄決戦体制へ

昭和19（1944）年10月、最後の決戦として挑んだレイテ沖海戦で、「第1遊撃部隊」（栗田艦隊）が不可思議な退却をしたため、日本海軍は全滅をまぬがれ、栄光ある伝統は消えなかった。

しかし、この戦いで連合艦隊は「機動部隊」の主力航空母艦すべてを失なったばかりでなく、戦艦「武蔵」と重巡洋艦「愛宕」「摩耶」「熊野」「鈴谷」「筑摩」など保有するうちの半数近くを沈められ、残る大小水上艦艇も激しい損傷を受けて、事実上壊滅したといえた。

このため、空母を戦艦や重巡洋艦などで重厚に守る「第１機動艦隊」は昭和19年11月15日付けで解隊となり、同時に「第３艦隊」「第3航空戦隊」も解隊。

▲昭和20年ともなると南方からの資源航路は潜水艦に加え、大陸から飛来する敵爆撃機によって終始制圧されるようになり、ついに途絶え、燃料の枯渇により大型艦は身動きすらできない状況となった。

「第２艦隊」は連合艦隊麾下の独立の艦隊もどった。第２艦隊隷下には「第３戦隊」「第５戦隊」「第4航空戦隊」「第2水雷戦隊」（と附属の「大淀」）が残されたが、各艦が内地へ帰り着いた昭和20年３月までには「第2水雷戦隊」を除いて解隊された。なお、この本土への帰還途上の昭和19年11月21日、戦艦「金剛」と随伴する駆逐艦「浦風」が敵潜水艦の雷撃により沈められている。

望まれて帰還したにもかかわらず、これらの水上艦艇の扱いはおざなりであった。航空主兵は言うに及ばず、航空機の援護なしでの水上艦艇の作戦の限界が現実的なものとなり、次期決戦では基地航空部隊の航空機と水中に潜ることで隠密性を作り出すことのできる潜水艦、そして甲標的丁型「蛟龍」や「回天」「震洋」「海龍」など各種の特攻兵器による戦術をとることが決定され、使い所がなくなったためである。

そのため、海軍工廠では損傷艦艇のうちでも比較的使い道のある駆逐艦を優先し、最低限の修理が行なわれたが、昭和20年1月下旬ともなるとそれ以外の戦艦、重巡洋艦はほとんど修理を実施しないまま繋留しておくことに決定される。燃料問題も深刻で、南方の資源地帯からの油槽船も多くが沈められ、内地の重油はほとんど枯渇状態。大型艦を動かすことなど、土台できない話だったのである。

この間にも細かな編制替えを経て、昭和20年３月１日にあらためて戦時編制の改定が実施された。それが本稿で紹介したものである。

水上艦艇のうち戦闘可能なものは、もはや内地における唯一の作戦艦隊となった「第２艦隊」に集められた。独立旗艦となっていた「大和」は改めて「第１航空戦隊」に編入され、残る戦艦は予備艦となり、「長門」は横須賀鎮守府部隊に、「伊勢」「日向」「榛名」は呉鎮守府部隊にと分散配備された。

「第1航空戦隊」の空母は４隻となっているが、2月11日付けで搭載するはずだった「第601航空隊」を「第3航空艦隊」へ転出させた「天城」「葛城」は空母として使用のあてがなく、「隼鷹」「龍鳳」は損傷が未修理のままで可動できない状態だった。

「第２水雷戦隊」は嚮導艦の軽巡洋艦「矢矧」と４つの駆逐隊、それも多くて3隻、少ないものは2隻編成で損傷艦も含まれていた。

この他の残存艦艇には損傷艦も多く、また、艦隊編制を組んで組織的な戦闘を行なうに足る性能も隻数も不足だった。何度も述べるが、艦艇を動かす燃料の重油備蓄がほとんどゼロに近い状態で、可動艦の数を限るしか策がなかったのであ

▼波号第201型は潜航中の速度を重視して建造された小型潜水艦で、本土近海に迫った敵艦隊を邀撃する兵力として期待された。写真は戦後に撮影された波203と波204。

る。

その他の組織変更としては、「南西方面艦隊」がフィリピンで孤立（のち脱出）したため、「第1南遣艦隊」と「第2南遣艦隊」「第13航空艦隊」を指揮する組織として2月5日付けで「第10方面艦隊」が新編された。その設置に伴い、レイテ沖海戦後にそのまま南方にあった「第5艦隊」は解隊され、その兵力である「第5戦隊」は「第2南遣艦隊」へ編入されている。

フィリピン決戦で主力として戦った「第２航空艦隊」は昭和20年１月７日に解隊されて編制から消え、残存の兵力（ほとんど搭乗員のみで飛行機なし）は「第1航空艦隊」へ編入された。その際に、搭乗員たちはルソン島北部からの脱出の手配が取られた（第1航空艦隊司令部が最後まで面倒を見たわけではなく、指示を出したあとは部隊ごとに地上行軍し、ツゲカラオなどから陸攻や輸送機に便乗して台湾に脱出した）が、整備員をはじめとする各航空隊の地上員は「クラーク防衛部隊」（第26航空戦隊に集められた）に編成され、1万人に及ぶ将兵たちが地上戦で命を落とすのである。

昭和20年２月10日には沖縄から九州方面における作戦を担当する「第５航空艦隊」が新編され、沖縄決戦間近となった３月1日には「第10航空艦隊」が編成された。「第10航空艦隊」はもともと搭乗員養成の練習航空隊だったものを特攻編制とするために建制化されたものであった。航空部隊は全軍特攻の様相を呈していた。

「第12航空艦隊」は「第5艦隊」が南西方面艦隊に編入されて「北東方面艦隊」が解隊されたことにより、昭和19年12月から独立した艦隊となっていた。

日本海軍が先鞭をつけた空母の機動部隊としての運用はアメリカにお株を奪われたかたちとなり、この当時にはその機動部隊は大小空母数十隻と航空機1000機以上を擁する圧倒的な勢力を日本本土に差し向けていた。

これに対抗する合理的な手段はすでに日本陸海軍にはなかった。戦勢はすでに挽回できないほど劣勢に陥っている。その打開のためには、非合理的な手段を用いて抵抗するしかなかった。

それが、軍令部参謀の源田実中佐と黒島亀人少将の発案した「体当たり攻撃」である。

海軍航空界草分けの大西瀧治郎中将は搭乗員もろとも爆装航空機で体当たりするしかないと、昭和19年10月20日に「第1航空艦隊」司令長官として着任したばかりのフィリピンで「神風特別攻撃隊」を編成、これを実施していた。

また、人間魚雷「回天」による「玄」作戦は昭和19年11月20日に実施されている。

命令ではない、志願である、と唱えつつ、人間を爆弾や魚雷の誘導装置として使う特攻作戦は次第に手広く行なわれるようになっていった。

フィリピン戦での最初こそ、意外な行動と少数機により、相手の隙をぬっての攻撃が戦果をあげた航空特攻だったが、行動パターンを見破られると、対空砲火や戦闘機による撃墜が増えて戦果はほとんどあがらなくなってしまっていた。

それでも、他に対抗手段のなくなった日本陸海軍は特攻をやめなかった。

そして、3月18日に九州全域が、翌19日には呉軍港がアメリカ空母機動部隊の空襲を受けると、沖縄攻略は本格化。

慶良間諸島での前哨戦ののち、ついに４月1日にアメリカ地上軍の沖縄上陸作戦が始まる。

連合艦隊では航空戦力の全力特攻作戦とともに水上艦艇による沖縄特攻のプランが現実化し、戦艦「大和」以下、「第2艦隊」水上特攻作戦の実施となる。

（畑中／吉野）

◀甲標的丁型「蛟龍」は太平洋戦争開戦時に真珠湾攻撃真珠湾攻撃に参加した甲標的を大幅に改良したもの。沖縄作戦で実戦参加を果たしており、本土決戦兵力としても優先的に工事の手が回された。

▼こちらも本土決戦用兵器として準備されていた「海龍」で、セイルの横に独特の横舵が見えている。甲標的と違い、胴体両側に魚雷を搭載する方式で、最後には頭部に装着された爆薬で体当たりを狙う。

082 天一号作戦と第2艦隊の海上特攻

第1遊撃部隊、最後の咆哮

■最後の第2艦隊

昭和19（1944）年10月のレイテ沖海戦で壊滅に等しい損害を受けた連合艦隊は、11月15日付けで大規模な戦時編制の改定を実施した。

この結果、どうにか艦隊らしさを保っているのは「第2艦隊」のみとなり、昭和20年3月1日付の時点では「第1航空戦隊」が戦艦「大和」、空母「天城」「信濃」「隼鷹」、「第2水雷戦隊」が「矢矧」と、第7、第17、第21、第41駆逐隊という陣容となっていた。

「大和」が1航戦に属し、残存する駆逐隊を集中した寄せ集めの感が強い編制であり（しかも「信濃」はすでに沈没している）、闘将で知られる第2水雷戦隊司令官の古村啓蔵少将をして、司令長官の伊藤整一中将に第2艦隊は解隊し本土決戦の兵力とするよう意見具申したのもうなずける。

▲昭和20年4月7日、アメリカ空母機動部隊の空襲を受ける第1遊撃部隊「海上特攻隊」の水上艦艇たち。画面右奥では「大和」が駆逐艦を従えて驀進中。爆弾を回避したのか画面左では取り舵をとって反対方向に艦首を向けた「矢矧」の姿が見える。

この時は、海上部隊に対しては

1.第1遊撃部隊は警戒を厳にして内海西部に在りて待機し、特令により出撃準備を完成す。

2.航空作戦有利なる場合、第1遊撃部隊は特令により出撃し、敵攻略部隊を撃滅す。

という命令が下されていた。

さらに3月26日には、

第1遊撃部隊は28日1200以降、指揮官所定により速やかに出撃、主力は豊後水道を一部は下関海峡を通過し、佐世保に前進待機すべし

と下令された。これは艦隊が動くことで敵機動部隊を味方の基地航空機の威力圏内に誘致して攻撃する狙いであったが、もはや懸絶した戦力を有するアメリカ軍はこちらの意図などおかまいなしに3月18日に九州方面を空襲して基地航空兵力を制圧し、4月1日には沖縄本島への上陸を開始した。

■栄光を後昆に伝える海上特攻隊

4月5日、連合艦隊司令長官の豊田副武大将は「第2艦隊」から部署されていた「第1遊撃部隊」へ、

第1遊撃部隊は海上特攻として8日黎明沖縄に突入を目途とし、急きょ出撃準備を完成すべし

と命じた。「沖縄へ海上特攻をかけよ」というのである

さらに6日、豊田司令長官は

ここに海上特攻隊を編成し壮烈無比の突入作戦を命じたるは、帝国海軍力をこの一戦に結集し光輝ある帝国海軍部隊の伝統を発揮すると共にその栄光を後昆（こうこん）に伝えんとするにほかならず

と全軍に発した。

■天1号作戦 第1遊撃部隊「海上特攻隊」の軍隊区分と艦艇

軍隊区分	艦隊編制上の所属			兵力	指揮官
第1遊撃部隊主力	第2艦隊	第1航空戦隊		大和	第2艦隊司令長官
		第2水雷戦隊		矢矧	古村啓蔵少将
			第17駆逐隊	浜風、磯風、雪風	新谷喜一大佐
			第41駆逐隊	冬月、涼月	吉田正義大佐
			第21駆逐隊	朝霜、霞、初霜	小瀧久雄大佐
		第31戦隊		花月	鶴岡信道少将
			第43駆逐隊	榧、槇	作間英邇大佐

◆このほかに「響」がいたが触雷参加せず。
※第31戦隊は命により4/6/1611反転分離。佐世保帰着。

■天1号作戦 第1遊撃部隊「海上特攻隊」陣形

●豊後水道通過時の1YB陣形「第1警戒航行序列」〔S20.04.06～07〕

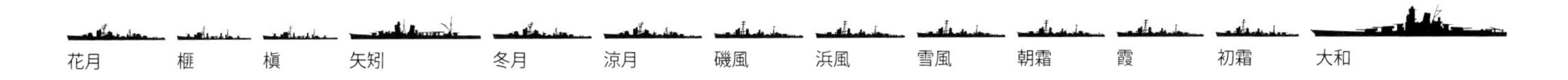

●大隈海峡通過時の1YB陣形「第3警戒航行序列」〔S20.04.07〕

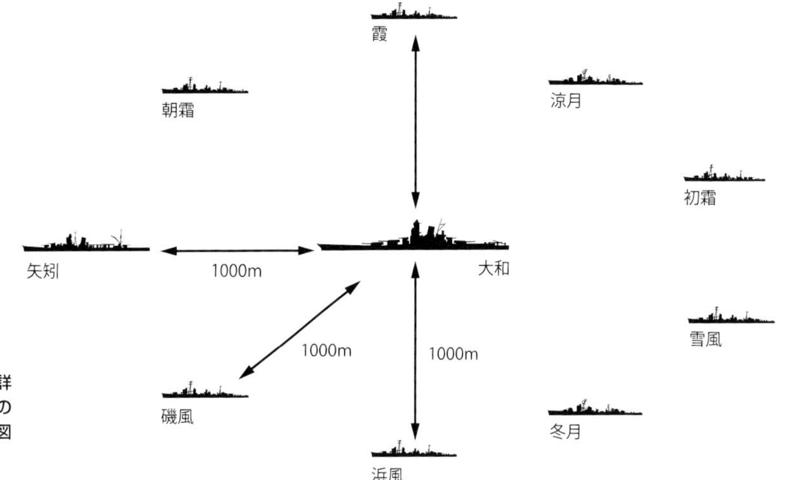

◆第3警戒航行序列での各艦の実際の配置は戦闘詳報に記述されたものと異なり、冬月と涼月が大和の後方両脇を固めるものであったとされている。本図はこちらの説で作図している。

これを受けて「第1遊撃部隊」は、「主隊」「警戒隊」「前路掃海隊」から成る第1軍隊区分を定めた。「主隊」は伊藤司令長官を指揮官として「大和」、「警戒隊」は古村2水戦司令官が指揮する「矢矧」と駆逐艦8隻となり、いずれも主要任務は敵水上艦艇と輸送船団の撃滅とされた。「前路掃海隊」は第31戦隊の鶴岡司令官が「花月」など駆逐艦3隻を率いて、艦隊の対潜対空警戒を任務とした。

特令あるまでこの第1軍隊区分が使用されることとされたが、「敵水上部隊との昼夜戦を予想する場合適用す」として第2軍隊区分も定められていた。

これは「第1部隊」が「大和」と「第41駆逐隊」で指揮官が伊藤中将。「第2部隊」が「41駆逐隊」を欠く2水戦で古村少将が指揮官。主任務は第1軍隊区分同様に敵艦隊と敵輸送船団の撃滅である。

4月6日の出撃時は第1軍隊区分に則った陣容であり、「第31戦隊」ら「前路掃海隊」は途中まで任務にあたったあと、分離して帰投している。

本作戦は4月7日に「大和」以下多くの艦艇が撃沈されて失敗に終わる。

それから間もない4月20日付けで大本営海軍部は「第2艦隊」と「第2水雷戦隊」を解隊し、残存艦艇は連合艦隊附属または「第31戦隊」へ編入となり、帝国海軍海上部隊は有名無実に等しい存在となった。

（松田）

●大和が「第1航空戦隊」に!?

昭和19年11月15日の戦時編制改定で「第1戦隊」が消滅したが、昭和20年1月1日の改定で「大和」「長門」「榛名」の3隻により復活することとなった。

しかし、南方からの石油輸送も近く途絶すると予想されるようになった1月下旬、大飯食らいの戦艦を「第2艦隊」から除いて軍港防空艦とすることが決定。これにより「第1戦隊」は再び解隊され、それぞれの戦艦は連合艦隊附属という扱いになるはずであった。

一方で航空母艦は近い将来での使用を考慮するとして「第1航空戦隊」司令部を廃止し、第2艦隊司令長官の直率とし、第2艦隊司令部によりその後の用法の研究準備にあたるとされた。

こうしたなかで、連合艦隊首席参謀の神重徳大佐は軍令部第１課との打ち合わせの席上で「大和を旗艦とし、第2艦隊を特攻的に使用したい」という意見を開陳。

これが容れられ、当初は連合艦隊附属となるはずだった3隻の戦艦のうち「大和」だけは、2月10日付けの戦時編制改定により「第1航空戦隊」に編入され、「第2艦隊」に残ったのである。

083 終戦までの艦隊編制の変遷

ついに本土近海に押し込められる

■第7艦隊の創設

かねてから本土防衛体制の強化のため、主要海峡湾口の防備強化を図り、日本海における海上交通を確保することを重点項目と考えていた大本営海軍部は、昭和20年3月になり、沖縄への敵地上軍の上陸が予想されるようになると、南方動脈線航路を担当する海上護衛総司令部部隊の「第1護衛艦隊」の処遇をどうするかを検討した。

海上護衛総司令部部隊を解隊してその兵力を天号作戦に投入する意見もあったが、沖縄戦生起となれば“対馬海峡防衛部隊”に改編したいという意見もあり、結局存続することと決定。

そのため、4月1日のアメリカ軍の沖縄本島上陸を受けて対馬海峡防衛部隊として4月7日に新編されたのが「第7艦隊」である。その兵力は明治時代の装甲巡洋艦を改装した敷設艦「常磐」に2隻の特設敷設艦と4隻の丁型海防艦（偶数の艦名）が主力で、掃海用の小型艦船も付与され、佐世保鎮守府部隊の指揮下に入り、鎮海警備府部隊と協力して対馬海峡の防衛にあたった。なお、第7艦隊司令部は第1護衛艦隊司令部の兼務とされ、司令部も同じく下関に設置された。4月15日には陸軍の対馬要塞守備部隊もその指揮下に置かれる。

6月5日には第18戦隊を解隊、その兵力が「第7艦隊」へ編入され、15日には「対馬警備隊」が新編のうえ編入された。さらに7月10日には「第103戦隊」が第1護衛艦隊から編成替えされている。

■第7艦隊の編制（S20.04.10）

艦隊編制上の所属			艦種	兵力	旧所属
連合艦隊	第7艦隊	第18戦隊	敷設艦	常磐	海上護衛総司令部
			特設敷設艦	高栄丸、永城丸	
		附属	海防艦	海102、海104、海106、海154	第1護衛艦隊
			特設砲艦	長白山丸	
			哨戒特務艇	第25号哨戒特務艇	
			駆潜特務艇	駆特60、駆特217、駆特246	
			特設監視艇	長周丸	
		第33掃海隊	特設監視艇	女島丸、美代丸、眉山丸、第5徳豊丸、第5桐丸、第2号朝日丸	呉鎮守府部隊
			特設駆潜艇	第10日東丸、第11日東丸	
			特設捕獲網艇	第3日正丸	
			曳船	第1曳船、第2曳船	
			徴用漁船	第1姓誉丸、第2姓誉丸、明神丸、増栄丸、灘吉丸、福吉丸、第5金毘羅丸、第6金毘羅丸	
				下関防備隊	呉鎮守府部隊

◆常磐は日露戦争時代の装甲巡洋艦を改造した敷設艦、高栄丸、永城丸は特設敷設艦。
◆「海102」は第102号海防艦の略記（以下同じ）。

■第104戦隊、第105戦隊の創設

一方で、同じ4月10日には「第104戦隊」が編成されて大湊警備府部隊に編入、「大泊」「千歳丸」で宗谷防備部隊を編成し、津軽海峡と宗谷海峡の防備強化が図られた。「第104戦隊」は編成後、第12航空艦隊の指揮を受けて千島方面所在の陸海軍部隊の輸送作戦の護衛を担当していたが、6月18日には大湊警備府部隊から除かれ艦隊編制上も第12航空艦隊の所属となった。

これについで5月5日付けで編成されたのが「第105戦隊」で、こちらは舞鶴鎮守府部隊に編入。7月10日には第1護衛艦隊に編入された。

■第51戦隊の編成

5月5日付けで新編された「第51戦隊」は昭和19年8月1日に編成され、それまで「対潜訓練隊」として佐伯を根拠に新造海防艦への近代的な対潜戦術の教導を行なっていた組織を実戦部隊化したもの。海防艦10隻と生きた標的（アグレッサー）である呂67と呂500という兵力であった。この呂500はもともとドイツから譲渡されたUボートⅨ型「U-511」で、野村直邦中将（当時）が便乗してきたことでも知られる。

将来的な新造海防艦の竣工の目処もおぼつかなくなり、日本海方面の防備強化の必要性から編成されたものであり、4

■第51戦隊の編制（S20.05.05）

艦隊編成上の所属		兵力	旧所属
舞鶴鎮守府	第51戦隊	保高、伊唐、伊王、波太、高根、第75、124、156、158、200号海防艦	対潜訓練隊
		呂500、呂67	

■第81戦隊の編制（S20.06.10）

艦隊編成上の所属	兵力
第81戦隊	呉防備隊
	徳山防備隊
	第48号海防艦

月にはすでに七尾湾へ移動していた。

■第81戦隊の創設

昭和20年3月に1回、4月に1回だったB-29による関門海峡への機雷投下は5月に3回を数え、敷設されたその数は550個と推測された。この掃海のために6月10日付けで編成されたのが「第81戦隊」で、ふたつの防備隊と海防艦1隻がその兵力である。

以上のように本土周辺海域に封じ込められた日本海軍にはもはや航空機と潜水艦しか戦う手段が残されていなかった。

5月20には「第31戦隊」を主体として「海上挺進部隊」が部署されたが、これが連合艦隊が動かせる最後の水上艦艇の兵力であった。

（吉野）

■海上挺進部隊の編制〔S20.05.20〕

区分	指揮官	所属		兵力	任務
海上挺進部隊（KTB）	第31戦隊司令官 鶴岡信道少将	第31戦隊		第17駆逐隊欠	邀撃奇襲作戦及び作戦輸送
			第41駆逐隊	夏月（※）	
				北上、波風	

◆海上挺進部隊は内海西部に配備された。
夏月は5/25に第11水雷戦隊より編入。
第31戦隊麾下の第17駆逐隊（雪風、初霜）は海軍砲術学校の練習艦任務を実施するため、海軍総隊軍隊区分により舞鶴鎮守府部隊に部署されていた。
第41駆逐隊は5/25以降、対馬海峡防衛部隊（「第7艦隊」を基幹として部署）へ増勢された。

■海上挺進部隊の編制〔S20.07.15〕

区分	指揮官	所属		兵力	任務
海上挺進部隊（KTB）	第31戦隊司令官 松本毅少将	第31戦隊		花月	邀撃奇襲作戦及び作戦輸送
			第41駆逐隊	冬月、夏月	
			第43駆逐隊	宵月、榧、竹、槇、桐、蔦、椎	
			第52駆逐隊	杉、樫、楓、梨、萩、樺	
				北上、波風	

■日号作戦における海軍水上及び航空兵力〔S20.06.28軍令部指示〕

区分			主要兵力	配備要領	
海上護衛司令長官の指揮する兵力	直率部隊	第901海軍航空隊の大部	各機種約130機	既に大部日本海及び対馬海峡に配備完了しあり尚黄海方面に配備しあるものは7月上旬日本海及び対馬海峡方面に配備を変更す	
	第1護衛艦隊	第102戦隊	海防艦6隻	約半勢力を対馬海峡方面及び東鮮沿岸に配備し黄海及び西南鮮沿岸配備中のものは7月上旬日本海方面に配備を変更す	外、特設駆潜艇2隻
		第103戦隊	同　10隻		
		第1海防隊	同　5隻		
		第12海防隊	同　3隻		
		第21海防隊	同　6隻		
		第22海防隊	同　8隻		
		其の他	各種艦艇　約8隻		
	舞鶴鎮守府部隊	第105戦隊	鹿島、響、海防艦4隻	全部日本海中部に配備す	外、駆潜特務艇7隻 特設駆潜艇12隻 掃海及び監視用舟艇10隻
		第31海防隊	同　7隻		
		其の他	約4隻		
	大湊警備府部隊	第104戦隊	海防艦6隻	内、海防艦6隻、各種艦艇6隻、航空機12機程度を標準とし千島方面及び北三陸方面に機宜配備する 外、全部宗谷海峡、津軽海峡、及び日本海北部に配備す	外、駆潜特務艇7隻 特設駆潜艇6隻 掃海及び監視用舟艇21隻
		第11海防隊	同　3隻		
		第903航空隊	各機種　約66機		
		其の他	各種艦艇約20隻		
	鎮海警備府部隊	直率部隊		対馬海峡の外哨に記事欄の小艇を配備す	外、駆潜特務艇12隻 特設駆潜艇14隻 掃海及び監視用舟艇24隻
	第7艦隊	直率部隊	駆逐艦4隻 海防艦4隻	対馬海峡の本土側に主として配備す	外、駆潜特務艇14隻 特設駆潜艇2隻 掃海及び監視用舟艇8隻
備考	1.本表の外、第51戦隊（訓練未済みの海防艦11隻）、在勤武官府、港湾警備隊、防備衛所、見張所などあり。 2.戦況の推移により変更することあるべし。				

◆日号作戦は日本海と対馬海峡の対潜対機雷戦を強化して安全を確保し、輸送路を保つためのもの。

09. 昭和20年8月15日の艦隊編制

091 終戦時の残存艦艇と陸上部隊

〈艦隊〉	〈戦隊〉	〈隊〉	〈艦艇・航空隊〉	〈特設飛行隊・地上部隊〉	〈指揮官〉
海軍総隊司令部					小沢治三郎中将（37）
	第101航空戦隊		第1001航空隊、第1022航空隊、第1081航空隊		勝保静三少将（機25）
聯合艦隊					小沢治三郎中将（37）
附属	第31戦隊		花月		松本毅少将（45）
		第41駆逐隊	冬月、夏月		
		第43駆逐隊	宵月、榧、竹、槇、桐、蔦、椎		
		第52駆逐隊	杉、樫、楓、梨、萩、樺		
	第10特攻戦隊		波109、波111	大浦、小豆島、第101、102突撃隊	大和田昇少将（44）
	第1聯合通信隊			東京、大和田通信隊	野村留吉少将（46）
		第1駆逐隊	夕風、波風		
		輸送艦	第115号輸送艦	高砂丸	
			第28、30駆潜艇、矢風、波勝 第722航空隊、第723航空隊、第724航空隊（※1）	氷川丸、第2氷川丸 第2、31輸送隊	
第3航空艦隊					寺岡謹平中将（40）
			関東航空隊、東海航空隊、近畿航空隊		
			第131航空隊	戦闘804、812、901飛行隊（※2） 攻撃254、256飛行隊	
			第601航空隊	戦闘308、310、攻撃1、3飛行隊	
			第706航空隊	攻撃405、704飛行隊	
			第752航空隊	偵察102、攻撃5飛行隊	
	第13航空戦隊（※3）				伊藤良秋少将（43）
			鈴鹿航空隊、大井航空隊、青島航空隊、大和航空隊、第3岡崎航空隊、峯山航空隊、鹿島航空隊、第2河和航空隊		
	第53航空戦隊（※4）				高次貫一少将（44）
			第210航空隊、第332航空隊		
	第71航空戦隊（※5）				山本栄大佐（46）
			筑波航空隊	戦闘402、403飛行隊	
			第252航空隊	戦闘304、316飛行隊	
			第302航空隊		
	附属			第5陸上輸送隊	
第5航空艦隊					宇垣纏中将（40）
			九州航空隊、内海航空隊、朝鮮航空隊、西海航空隊、山陰航空隊、詫間航空隊		
			第171航空隊	偵察4、11飛行隊	
			第701航空隊	攻撃103、攻撃105飛行隊	
			第721航空隊	戦闘306、攻撃708飛行隊	
			第801航空隊	偵察703、707飛行隊	
	第12航空戦隊（※3）				城島高次少将（40）
			徳島航空隊、高知航空隊、観音寺航空隊、西條航空隊、岩国航空隊、築城航空隊、博多航空隊、諫早航空隊、光州航空隊、峯山航空隊、釜山航空隊、天草航空隊、福山航空隊		
	第32航空戦隊（※6）				田口太郎少将（47）
			第634航空隊	偵察301、302飛行隊	
			第762航空隊	攻撃501飛行隊	
			第931航空隊	攻撃251飛行隊	
	第72航空戦隊（※7）				山本親雄少将（46）
			第203航空隊	戦闘303、309、311、312、313飛行隊	
			第343航空隊	戦闘301、401、407、701飛行隊	
			第352航空隊	戦闘902飛行隊	
	附属			第12、23、32陸上輸送隊	

海軍総隊司令部		第10航空艦隊					前田稔中将（41）
					谷田部航空隊、松島航空隊、名古屋航空隊、豊橋航空隊航空隊		
			第15連合航空隊		霞ヶ浦航空隊、第2郡山航空隊、神町航空隊、元山航空隊、百里原航空隊、奥羽航空隊		三木森彦少将（40）
			附属			第33陸上輸送隊	
		第6艦隊					醍醐忠重中将（40）
				第1潜水隊	伊401、伊400、伊14、伊13（※8）		
				第15潜水隊	伊36、伊47、伊53、伊58、伊156、伊157、伊158、伊159、伊162、伊363、伊366、伊367、伊201、伊202、呂50、波103、波105		
				第16潜水隊	伊369、波101、波102、波104		
				第52潜水隊	波201、波202、波205、波207、波208、波209、波210		
			第11潜水戦隊		八雲、伊352（※9）、伊203、長鯨	仁科宏造少将（44）	
			附属		第631航空隊		
		第12航空艦隊					宇垣完爾中将（39）
					北東航空隊（※10）	第3魚雷艇隊 第51、52、53、57警備隊 占守通信隊 第15特設輸送隊	
			第104戦隊		福江、国後、八丈、伊王、占守、択捉、宗谷	宗谷防備隊	渡辺清七少将（42）
		第4艦隊					原忠一中将（39）
			第4根拠地隊			第41、42、43、44、47、48、49、67警備隊 第4通信隊 第4港務部	
			第6根拠地隊			第62、63、64、65、66警備隊	
			附属		東カロリン航空隊、マリアナ航空隊	横鎮第2特別陸戦隊 トラック運輸部 第216、221、223、227設営隊	
		第7艦隊					岸福治中将（40）
			第103戦隊		春月、隠岐、三宅、宇久、羽節、金輪、第59、60、67、192、213号海防艦		久宗米次郎少将（41）
				第21海防隊	新南、志賀、生名、笠戸、第27、101、104、106、154、194、198号海防艦		
			附属		常磐	高栄丸、永城丸 下関防備隊、対馬警備隊 第36突撃隊	
	第10方面艦隊						福留繁中将（40）
		第13航空艦隊					福留繁中将（40）
			第28航空戦隊		馬来航空隊、東印航空隊、印支航空隊		小暮軍治中将（41）
					第31航空隊、第381航空隊、第936航空隊	第15、29、30、32魚雷調整班	
		第1南遣艦隊					福留繁中将（40）
			第9特別根拠地隊				広瀬末人中将（39）
			第10特別根拠地隊		第4号掃海艇	第44、55号駆潜特務艇 第7、101警備隊 第10港務部、第10通信隊	今村脩中将（40）
				第44掃海隊		第1利丸、第6長運丸	
			第11根拠地隊		第41号駆潜艇、第61号海防艦	第10、11、110警備隊	近藤泰一郎中将（42）
			第12特別根拠地隊		雁	第14、25警備隊	原鼎三中将（41）
			第13根拠地隊			第13、17警備隊	田中頼三中将（41）
			第15根拠地隊			第9警備隊、第11潜水艦基地隊	魚住治策少将（42）
			附属		妙高、高雄、伊501、伊502（※11）	第61号駆潜特務艇、第7、9号掃海特務艇	
		第2南遣艦隊					柴田弥一郎中将（40）
			第21特別根拠地隊		第1、3号駆潜艇	第103、107号掃海特務艇、第104、106、107、115号駆潜特務艇 第3、5、6警備隊 第21潜水艦基地隊 第1港務部、第21通信隊	田中菊松少将（43）
			第22特別根拠地隊		第5、56号駆潜艇、第2、3、36号哨戒艇	第106号掃海特務艇、第36、41号駆潜特務艇 第2警備隊、第2港務部 スラバヤ運輸部	鎌田道章中将（39）
			第23特別根拠地隊		第8号掃海艇	第8警備隊	大杉守一中将（41）
			第25根拠地隊		若鷹	第7、18、20、21、26、27、29警備隊 第24通信隊 第3特設輸送隊	一瀬信一中将（41）
			第27特別根拠地隊				佐藤四郎少将（43）
			附属		足柄、伊505、伊506（※11）、第106、109号哨戒艇	第36、202、203、224、322設営隊 第33、105防空隊 第7特設輸送隊	
		附属			荒埼、早埼、神風		

海軍総隊司令部	支那方面艦隊						福田良三中将（38）
		第2遣支艦隊					藤田類太郎中将（38）
					舞子、初雁		
			香港方面特別根拠地隊			香港港務部、広東警備隊	大熊譲少将（44）
			厦門方面特別根拠地隊				原田清一中将（39）
			附属		満珠	香港運輸部、第314、327設営隊	
		海南警備府				横鎮第4、舞鎮第1、佐鎮第8特別陸戦隊 楡林運輸部 第15、16警備隊	伍賀啓次郎中将（38）
		附属			中支航空隊		
			上海特別陸戦隊				勝野実少将（40）
			上海方面根拠地隊		栗、蓮、鳥羽、安宅、宇治、興津	舟山島、南京警備隊 上海港務部	森徳治少将（40）
			揚子江方面特別根拠地隊		九江、安慶警備隊		沢田虎夫中将（41）
			青島方面特別根拠地隊		第108、144号輸送艦	上海運輸部、第324、3213設営隊	金子繁治中将（42）
	海上護衛総司令部						小沢治三郎中将（37）
		第1護衛艦隊					小沢治三郎中将（37）
			第105戦隊		響、第12、40、65、85、87、112、158、250、205号海防艦		松山光治少将（40）
			附属		鹿島、倉橋、第17、39、41号掃海艇 第901航空隊		
				第1海防隊	伊唐、神津、第72、45、76号海防艦		
				第2海防隊	屋代、干珠（※12）、保高、第2、34、82号海防艦		
				第11海防隊	第36、55、57、71、79号海防艦		
				第12海防隊	高根、久賀、第14（※12）、16、46、156号海防艦		
				第22海防隊	鵜来、大東、竹生、崎戸、対馬、第8、32、52、66号海防艦		
				第31海防隊	沖縄、奄美、粟国、第22、26、63、81、207号海防艦		
				第31駆潜隊	第20、21、26、60号駆潜艇		
	横須賀鎮守府				長門、初桜 第6、74号海防艦 第52号駆潜艇 宗谷、大浜 館山航空隊 第312航空隊 第725航空隊 横須賀航空隊	春鳥丸横須賀、武山海兵団 横須賀潜水艦基地隊 横須賀港務部、横須賀通信隊 横須賀設営隊 第2魚雷艇隊 東京、南鳥島、八丈島警備隊 名古屋港湾警備隊 呉鎮守府第101特別陸戦隊 第21特設輸送隊 第1、2、3、4、7、8陸上輸送隊 第208、209、300、303、304、305、306、307、309、501、502、503、504、505、506、507、508、509、3010、3012、3013、3014、3015、3016、3017、3018、3019、3020、3021、3022、3023、3024、5010、5011、5012、5013、5014、5015、5016、5017、5018、5019設営隊 横須賀、横須賀第1、田浦、久里浜、藤沢、大楠、武山、浜名、横浜港湾警備隊	戸塚道太郎中将（38）
			父島方面特別根拠地隊			父島、母島警備隊	
			第1特攻戦隊		沢風、四阪、第37号海防艦、第27号掃海艇、第42、47、51駆潜艇	神島、横須賀防備隊、第11、15、16、18、71突撃隊	大林末雄少将（43）
			第4特攻戦隊		第4、45、50号海防艦、第14、44号駆潜艇	伊勢防備隊 第13、19突撃隊	三戸寿少将（42）
			第7特攻戦隊		第1号掃海艇、第32、48駆潜艇、	女川防備隊、第12、14、17突撃隊	杉浦矩郎大佐（47）
			第20聯合航空隊		洲ノ崎航空隊、藤沢航空隊、田浦航空隊、第1相模野航空隊、第2相模野航空隊、第1郡山航空隊、第1河和航空隊、土浦航空隊、三重航空隊、滋賀航空隊		朝融王中将（49）
			横須賀連合特別陸戦隊			横須賀鎮守府第11、12、13、14、15、16、105特別陸戦隊	工藤久八中将（39）
	大湊警備府				橘 笠戸、第49号海防艦 大泊 第23、24、102号掃海艇 第15号駆潜艇 第903航空隊	第2龍神興丸 大湊海兵団 大湊防備隊、大湊港務部 大湊通信隊、厚岸通信隊 名埼、第3魚雷艇隊 大湊警備隊、小樽、函館、室蘭、船川、青森港湾警備隊 大湊潜水艦基地隊 第6陸上輸送隊、大湊運輸部 大湊設営隊、第571、572、573、574、575、576、577設営隊	宇垣完爾中将（39）
				第23海防隊	第196、221号海防艦		
			大湊聯合特別陸戦隊			大湊警備隊第1、2、3特別陸戦隊	服部勝二少将（44）

海軍総隊司令部	呉 鎮守府			龍鳳、鳳翔、葛城、北上 第126号海防艦 第102号哨戒艇 楢、椿、樅 伊503、伊504（※13） 倉敷航空隊	王星丸 呉、大竹、安浦海兵団 呉潜水艦基地隊 呉港務部、呉通信隊 呉警備隊、徳山警備隊、大竹第1、大竹第2、安浦、防府警備隊 仙埼港湾警備隊 第13、14、15陸上輸送隊 呉運輸部第317、53？、354、511、512、513、514、515、516、517、518、519、3111、3113、3114、3115、3116、3117、5110、5111、5112、5113、5114、5115、5116、5117設営隊	金沢正夫中将（39）
		第81戦隊（※14）		第48号海防艦	呉防備隊、徳山防備隊	水井静治少将（40）
		呉潜水戦隊	第33潜水隊	伊121、呂62、呂63、波106、波107、波108、波203、波204	那智丸	
		第2特攻戦隊			光、平生、大神、笠戸、第81突撃隊	長井満少将（45）
		第8特攻戦隊		第77号海防艦 佐伯航空隊	佐伯防備隊、第34掃海隊、第21、23、24突撃隊	清田孝彦少将（42）
		呉連合特別陸戦隊			呉鎮守府第11、12陸戦隊	久保九次中将（38）
	大阪 警備府			大津航空隊、奈良航空隊、高野山航空隊、宝塚航空隊	大阪、田辺海兵団 大阪警備隊 大阪、神戸港警備隊 大阪通信隊 第11、16、17輸送隊 大阪輸送部 大阪設営隊、第316、319、581、582、584、585、586、587、588、589、3112、5810、5811設営隊	岡新中将（40）
		第6特攻戦隊		第30、190号海防艦、第104号哨戒艇	紀伊防備隊、第22突撃隊	横井忠雄少将（43）
	舞鶴 鎮守府			柿、董、榎、楠、雄竹、初梅 新井埼 第85、87、158号海防艦	慶昭丸 舞鶴海兵団、平海兵団 舞鶴防備隊 舞鶴潜水艦基地隊 舞鶴港務部、舞鶴運輸部 舞鶴通信隊 伏木、新潟、敦賀、七尾、境港湾警備隊 第31、34輸送隊 舞鶴設営隊、第335、336、337、338、339、531、532、533、534、535、536、537、538、539、3311設営隊	田結穣中将（39）
		第51戦隊（※15）		呂68、呂500、生野、羽太、室津、第95、126、200、204、217、225、227号海防艦		西岡茂泰少将（40）
		舞鶴警備隊				
		平警備隊				
		舞鶴聯合特別陸戦隊			舞鶴鎮守府第5、6特別陸戦隊	
	佐世保 鎮守府			隼鷹 第29、44、118、124、215、219号海防艦 第951航空隊 垂水航空隊、小富士航空隊	佐世保、相浦、針尾海兵団 佐世保防備隊、大島防備隊 佐世保潜水艦基地隊 佐世保通信隊 門司、若松、博多、長崎港湾警備隊 第21、22、24陸上輸送隊 佐世保輸送部 第228、321、323、325、326、329、361、362、521、522、523、524、525、526、527、528、529、3211、3212、3214、3215、3216、3217、5210、5211、5213、5214、5215、5216、5217設営隊 佐世保警備隊 相浦、針尾警備隊	杉山六蔵中将（38）
		第3特攻戦隊			川棚、第31、34突撃隊	渋谷清見少将（45）
		第5特攻戦隊		第49号駆潜艇	第32、33、35突撃隊	駒沢克己少将（42）
		佐世保連合特別陸戦隊			佐世保鎮守府第11、12、13、14特別陸戦隊	阿部孝壮中将（40）

※1：722空は「桜花」の2番目の部隊で、723空は彩雲特攻、724空は橘花特攻隊。
※2：この3個飛行隊は夜間戦闘機隊「芙蓉部隊」として正式に部署され、131空とは別働中。
※3：第12航空戦隊と第13航空戦隊は5/5付けで第11、12、13連合航空隊を特攻戦隊化したもの。
※4：第53航空戦隊は搭乗員教育再開のために5/5付けで編成されたが、8/3に戦闘機隊だけになり本土防空戦担当となった。
※5：第71航空戦隊は本土防衛作戦において戦闘機を一元的に運用するために5/25付けで編成された。
※6：第32航空戦隊は対機動部隊作戦における夜間雷撃専門の航空戦隊として8/1付けで編成された。
※7：第72航空戦隊も本土防衛作戦において戦闘機を一元的に運用するために6/5付けで編成されたもの。
※8：伊13は彩雲をトラック島へ輸送する光作戦に参加し、消息不明となっていた。
※9：伊352は6/22に呉工廠の艤装桟橋でB-29の爆撃を受け沈没（実際には竣工していない）。
※10：北東空には固有の艦攻隊があり、8/15の終戦直後に侵攻してきたソ連と交戦する。
※11：足柄は6/8に沈没。伊501、伊502、伊505、伊506は降伏したドイツ潜水艦（旧イタリア潜水艦を含む）を接収したもの。
※12：干珠は8/15に、第14号海防艦は8/17に沈没。終戦直後も行動していた海防艦は触雷などでの沈没が多い。
※13：伊503、伊504もドイツ潜水艦（旧イタリア潜水艦を含む）を接収したもので内地で修理を実施していた。

海軍総隊司令部	鎮海 警備府			巨済、済州	鎮海海兵団 鎮海防備隊 鎮海警備隊 釜山、羅津、清津港湾警備隊 鎮海港務部 鎮海通信隊 鎮海設営隊 第48掃海隊 鎮海輸送部 第42突撃隊 第351、352、353、354、355設営隊	山口儀三朗中将（40）
	高雄 警備府			北台航空隊、南台航空隊	高雄通信隊 宮古島、石垣島、基隆防備隊 基隆運輸部 高雄設営隊、第334設営隊	志摩清英中将（39）
			第29航空戦隊			藤松達次大佐（46）
				第132航空隊	偵察12飛行隊	
				第205航空隊	戦闘302、315、317飛行隊	
				第765航空隊	攻撃252、253、401、702飛行隊	
			高雄方面根拠地隊		高雄海兵団 高雄警備隊 高雄港務部	黒瀬浩少将（41）
			馬公方面特別根拠地隊			新島信夫少将（46）
大本営直轄	南西方面					大川内伝七中将（37）
	艦隊 （※16）	第3南遣艦隊				大川内伝七中将（37）
			第30根拠地隊	西カロリン航空隊 第21号掃海艇	第45、46警備隊 第3通信隊 第30港務部 第6特設輸送隊	伊藤賢三中将（41）
			第31特別根拠地隊		第35警備隊 第31港務部 第31通信隊	岩淵三次少将（43） （※17）
			第3特別根拠地隊		第33警備隊 第32通信隊 第10特設輸送隊	土井直治少将（43）
			第33特別根拠地隊		第36警備隊	原田覚少将（41）（※17）
		附属		第955航空隊	第21駆潜隊 第31潜水艦基地隊 第12、25、31魚雷艇隊 マニラ運輸部 第9特設輸送隊 第135、136、166、167、168、183、184、185、187、205、206、207防空隊 第205、214、215、225、235、301、308、318、328、331、332、3011設営隊	
			第26航空戦隊	北菲航空隊、中菲航空隊、南菲航空隊、第141航空隊、第153航空隊、第201航空隊、第221航空隊、第341航空隊、第761航空隊、第763航空隊	第37警備隊	杉本丑衛少将（44） （※17）
	南東方面					草鹿任一中将（37）
	艦隊 （※16）	第8艦隊				鮫島具重中将（37）
			第1根拠地隊		第82、87、88警備隊 佐世保鎮守府第6、呉鎮守府第7特別陸戦隊 第1通信隊	
			附属		第26、34、121、131設営隊	
		第11航空艦隊				草鹿任一中将（37）
			附属	第958航空隊	第105航空基地隊 第18、28、211、212設営隊	
			第14根拠地隊		第83、89警備隊	田村劉吉少将（41）
		附属			第81、84、85、86警備隊 第8潜水艦基地隊 横須賀鎮守府第8特別陸戦隊 第8通信隊 第8港務部 第101設営隊	

※14：第81戦隊は6/10に新編された下関掃海部隊。
※15：第51戦隊は5/5に呉防備戦隊にあった対戦指導班を実戦部隊化したもの。
※16：海軍総隊司令部の創設に伴い南西方面艦隊、南東方面艦隊は大本営直轄部隊となった。
※17：岩渕三次少将は2/26、杉本丑衛少将は6月中旬にフィリピン地上戦で戦死。原田覚少将は終戦直後に戦病死。

日本海軍敗れたれど……

▲沖縄決戦に敗れた日本海軍はいよいよ燃料が枯渇、本土周辺海域も機雷によって封鎖され、身動きができない状態となった。やがて7月下旬、本土に近接したアメリカ空母機動部隊の手により残存艦艇は次々と大破、着底した状態で8月15日の終戦を迎えたのであった。写真は巡洋艦籍に復帰して活躍ののち大破着底した「磐手」。

沖縄における組織的な地上戦が終結し、いよいよ本土決戦体制となった昭和20年（1945）6月23日の時点における日本海軍の主兵力は航空機とわずかばかりの潜水艦のみとなっており、これに本土決戦用兵力として特殊潜航艇や特攻艇などが控えていた。

石油燃料が枯渇したなか、石炭で動くことができる明治以来の装甲巡洋艦「出雲」「八雲」「磐手」「常磐」などが再び存在感を取り戻していたのは皮肉である。

本土においても5月以降はB-29により内海西部や下関海峡をはじめとする主要な港湾は機雷封鎖され、大陸からの資源輸送も困難となっていた。

7月に入るとアメリカ空母機動部隊がなめるように日本各地を空襲。とくに7月24日～28日の呉空襲においては残存していた戦艦「日向」「伊勢」「榛名」、重巡「利根」「青葉」、軽巡「大淀」などの大型艦艇が繋留されたまま空襲を受け、次々に大破着底して果てていった。

そして迎えた年8月15日の終戦。

この時、「連合艦隊」には「第3航空艦隊」「第5航空艦隊」「第10航空艦隊」という基地航空部隊と、潜水艦隊である「第6艦隊」、千島列島方面の防衛を担当する「第12航空艦隊」、トラックと周辺島嶼に孤立した「第4艦隊」、そして対馬海峡の防衛を担当する「第7艦隊」があった。

このほか、「連合艦隊」の編制下にない部隊には南西方面にある「第10方面艦隊」、戦前から大陸方面の作戦を担当する「支那方面艦隊」、そして資源輸送の重要船団の護衛を担当する「海上護衛司令部」、そして各鎮守府部隊、警備府部隊などがあり、これらを4月25日に編成された「海軍総隊司令部」が統括していた。「南西方面艦隊」と「南東方面艦隊」は大本営直轄部隊となっていた。

終戦時点での艦隊編制を見ると、海上兵力は、樹木や草花に由来する、“雑木林”と揶揄されたかつての二等駆逐艦の名を付けた丁型、改丁型駆逐艦と、島の名前、あるいは番号名の海防艦、そして輸送用の小型潜水艦である100番台の波号潜水艦、本土決戦用の200番台の波号潜水艦ばかりであったことがわかる。

これが明治建軍以来、わずか半世紀の間で世界第3位にまで上り詰めた日本海軍の最後の姿であった。

（吉野）

■終戦時残存（行動不能）主要艦艇

艦種	艦名
戦艦	榛名、伊勢、日向（呉・大破着底）
空母	天城（呉・転覆着底）
1等巡洋艦	青葉、出雲、磐手（呉・大破着底）
2等巡洋艦	利根、大淀（呉・転覆着底）
敷設艦	常磐（大湊・大破着底）
特務艦	摂津（呉・大破着底）、
駆逐艦	初霜（舞鶴・触雷着底） 潮（横須賀・行動不能）

▲「091」で掲載した終戦時の艦隊編制に名前のない主要艦艇を表記する。多くが空襲により大破着底したものばかりである。なお、「利根」は重巡だが、艦種類別等級上は2等巡洋艦（最上型も同様）であった。

◀戦いに敗れた日本海軍は外地で終戦を迎えた同胞たちを日本へ連れて帰る任務に邁進する。それはまた本書の目的である艦隊編制とは別の話だ。写真は復員輸送艦となった「鹿島」。

あとがき

もともと艦船モデラーであった私は、好みの個艦を調べては模型を作るだけで満足していました。

ところが、製作する艦について専門誌などで調べていると、ある艦についてはM海戦では第X艦隊の第Y戦隊に所属していたとか、Z鎮守府に所属したとか書かれており、時期により所属のXやYが違うことに気づき、不審に思っていました。

さらに専門誌をくわしく読んでいくと、軍艦に艦種の区分けがあって大きさや性能が違うのは、そもそも与えられている役割が異なること、軍艦は単独で戦争をすることはなく、ある程度の編成を組んで敵と戦うのが近代以降の海軍の原則だと書いてあり、この「編成を組むこと」を「艦隊編制」と呼ぶことがわかってきました。

そこで俄然、艦隊編制について知りたくなり、参考となる本を探しましたが、そのものズバリを解説している本にはお目にかかれませんでした。それでも太平洋戦争開戦時の艦隊編制一覧表はあちこちに出ていて、それらを見ると、例えば真珠湾攻撃隊は艦隊編制そのままではないなど、疑問は深まるばかり。

そんなわけで自分で調べた艦隊編制の表を持参しつつ、「艦隊編制の本がないから作ってください！」と、『ネイビーヤード』編集部に話をもっていくことに。

こうしたいきさつからスタートした本企画ですが、以前からよく知る吉野氏の協力もあり、また松田氏という援軍を得ることにより、太平洋戦争中の艦隊編制の変遷を追いながら、「軍隊区分」というしくみに則ってどのような意図で作戦行動部隊が作られていったのかをある程度わかりやすく解説する本として仕上げることができたと思っています。

おかげで、私もいっぱしの艦隊編制知識人となることができました。

熱心に企画実現に努力してくださった編集部のみなさん、そして手に取っていただいた読者のみなさんにも深く感謝いたします。

2018年11月吉日
執筆者を代表して　畑中省吾

参考文献・参考資料

・『世界の艦船』#588　2001年11月号「特集／日本の艦隊編成　その変遷をたどる」(海人社)
・「連合艦隊海空戦戦闘詳報」別冊1 末國正雄、秦郁彦／監修（アテネ書房）
・「艦艇模型テクニック講座」モデルアート6月号臨時増刊号#233（モデルアート社）
・「海戦でみる太平洋戦争」角川oneテーマ21（戸高一成／著）(角川書店)
・戦史叢書（朝雲新聞社刊）
・戦闘詳報、戦時日誌（防衛省戦史図書室所蔵資料）
WEBサイト
・Jyai's Web Site　ENDLESS LIFE　BBS　World War Ⅱ「艦隊編制」

編集協力／写真・資料提供

長谷川均／伊東直一
森 昭雄
吉良 敢／佐藤暢彦
潮書房光人新社
U.S.National Archives ／ U.S.Navy

執筆者紹介

●畑中省吾（はたなか・しょうご）

昭和26（1951）年、神奈川県生まれ。WLシリーズで艦艇模型作りの楽しさにのめりこむ。「タミヤニュース」への投書をきっかけに森恒英氏、長谷川藤一氏の知遇を得てさらに艦艇趣味を深める。艦艇模型サークルのネービーヤード、ちっちゃいもの倶楽部に加盟。艦艇模型の逸材たちと親交を温めている。

近著に『日本海軍軽巡洋艦1/700マスターモデリングガイド』(米波保之共著、大日本絵画刊)がある。

▲松田孝宏（まつだ・たかひろ）

昭和44（1969）年生まれ、東京都出身。ミリタリー関係だけでなく、アニメ、特撮などオタク系のジャンルで活躍するフリー編集者兼ライター。近年は『ネイビーヤード』(大日本絵画刊)、『雑誌 丸』(潮書房光人新社刊)、『ミリタリー・クラシックス』(イカロス出版刊) ほかに寄稿している。

著作に『奮闘の航跡「この一艦」2』(イカロス出版刊) などがある。

■吉野泰貴（よしの・やすたか）

昭和47（1972）年生まれ、千葉県出身。都内の民間企業に勤務の傍ら、ライフワークとして戦史研究を行なっている。本書では執筆のほか各種図版類や地図を担当。

著書に『流星戦記』『日本海軍艦上爆撃機彗星 愛機とともに（1）(2)』『海軍戦闘第八一二飛行隊』『潜水空母 伊号第14潜水艦』(いずれも大日本絵画刊) など。

Imperial Japanese navy's fleet organization and navy battle guide
日本海軍の艦隊編制と海戦ガイド
作戦行動部隊のしくみ

発行日　2019年1月14日　初版　第1刷

著者　ネイビーヤード編集部／編

デザイン・装丁　ミズキシュン（+iNNOVAT!ON）
DTP　小野寺 徹

発行人　小川光二
発行所　株式会社 大日本絵画
〒101-0054
東京都千代田区神田錦町1丁目7番地
TEL.03-3294-7861（代表）
http://www.kaiga.co.jp

編集人　市村 弘
企画／編集　株式会社アートボックス
〒101-0054
東京都千代田区神田錦町1丁目7番地
錦町一丁目ビル4階
TEL.03-6820-7000（代表）
http://www.modelkasten.com/

印刷　三松堂株式会社
製本　株式会社ブロケード

ISBN978-4-499-23254-8 C0076

内容に関するお問合わせ先：03（6820）7000 （株）アートボックス
販売に関するお問合わせ先：03（3294）7861 （株）大日本絵画